岩波科学ライブラリー 126

# オイラー、リーマン、ラマヌジャン

時空を超えた数学者の接点

黒川信重

岩波書店

# まえがき

　現代数学でもっとも大切と思われているものにゼータがあります．もともとは素数の研究からはじまったものです．本書はゼータを研究した3人の大数学者オイラー(1707.4.15-1783.9.18)，リーマン(1826.9.17-1866.7.20)，ラマヌジャン(1887.12.22-1920.4.26)に焦点をあてています．彼らは同じ時期に生きてもいないし，生きていた場所も違います．

　オイラーはスイス生まれですが，主にロシアの海辺の町サンクトペテルブルグでゼータの研究を行い，そこで亡くなりました．2007年は，ちょうど，オイラーの生誕300年という記念すべき年になっています．すでに，サンクトペテルブルグにおける記念行事が準備されています．

　リーマンはドイツの人でゲッチンゲンでゼータを研究しました．数学最大の難問と名高い「リーマン予想」はゼータの零点(値が零になるところ)に関する問題です．

　ラマヌジャンはインドのタミール語圏の生まれですが，イギリスのケンブリッジでゼータを研究し，誰も思いつかなかった完全に新しいゼータを発見しました．

　このように，時代も場所も違った3人の数学者に脈々として流れているもの，それがゼータです．ピタゴラスにはじまった「素数解明の夢」が発展し「ゼータ統一の夢」としてオイラー，リーマン，ラマヌジャンへとバトンが受け渡されてきた様子をみてください．それは，さらに「絶対数学の夢」へと向

かっています．

○オイラー
├ 1735 年：特殊値
├ 1737 年：オイラー積
○リーマン
├ 1859 年：零点の研究・リーマン予想
○ラマヌジャン
├ 1916 年：2 次のゼータの研究

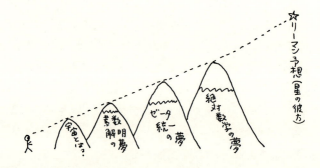

では，ゼータの旅をお楽しみください．

2006 年 11 月 11 日

黒川信重

# 目　　次

まえがき

1 ピタゴラスからオイラーへ ………………………… 1

　［コラム］　循環計算…………37

2 オイラーからリーマンへ …………………………… 39

　［コラム］　リーマン予想…………58

3 ラマヌジャンという天才 …………………………… 61

　［コラム］　数学の未来へ…………89

　**付録 1**　素因数分解の一意性の証明…………95

　**付録 2**　指数と対数…………98

　**付録 3**　$\zeta(3)$ のオイラーの式…………101

　**付録 4**　ガンマとゼータと双対性…………104

あとがき

参考文献

本文イラスト＝星　彼方

# 1
## ピタゴラスからオイラーへ

1  🍎
2  🍎 🍎
3  🍎 🍎 🍎

## 数のはじまり

1, 2, 3 がわかったら数学はわかったも同然だという言葉を耳にしたことがあります．いつごろからこの 1 がでてきたのでしょうか？ 誰が考えはじめたのでしょうか？ 知恵の木の実をたべた人だったのでしょうか？ そのころの記録はもう残っていないようです．生きものの進化からみると人間より前に数を考えていた生きものがいたような気はするのですが….

そもそもこの宇宙のはじまりは生きている点 "1" だったのでしょう．私たちの記憶を何億年もたどるとその頃のこともわかるかも知れません．

いずれにしても，宇宙がはじまって時がすぎ，やがて地球ではギリシアにピタゴラスが生れました．

## ピタゴラスの数学

数学者ピタゴラスは今から 2500 年前のギリシアで活躍していました．ピタゴラスの名前は「ピタゴラスの定理」で記憶されているでしょう．直角三角形の三辺 $a, b, c$（$c$ が斜辺）の間に

$$a^2 + b^2 = c^2$$

という美しい関係がある，という定理です．その内容のとおり，三平方の定理とも呼ばれています．

ピタゴラスの定理は数学の定理の中でも最初期のものとしてとりわけ有名です．証明もさまざまにくふうされてきて，現在までに 100 以上の証明が知られています．

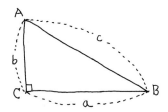

この定理は直角を作るのにも使えます.実際に三角形の三辺 $a, b, c$ が $a^2 + b^2 = c^2$ をみたせば直角三角形になることも証明できるからです.たとえば,長さ 12 cm の糸で三辺が 3 cm,4 cm,5 cm の三角形を作ると,直角ができます.

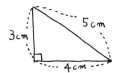

これは土地の区分や建造物を作るときに便利な方法で,ギリシア時代より昔のバビロニアやエジプトでも使われていた記録があります.

ピタゴラスの定理の事実は,ピタゴラスより前から知られていたようですが,きちんと証明されたのはギリシアのピタゴラスやピタゴラス学派になってからのようです.歴史的にちゃんと残っている証明は紀元前 300 年頃に書かれたユークリッドの『原論』(全 13 巻)にあります.ピタゴラスの定理(直角三角形なら $a^2 + b^2 = c^2$)はその本の第 1 巻命題 47 に証明されていて,ピタゴラスの定理の逆($a^2 + b^2 = c^2$ なら直角三角形)はその次の命題 48 に証明されています.命題 47 の証明は直角三

角形の三辺上に正方形をつくって，斜辺上の正方形の面積 $c^2$ が他の二つの正方形の面積の和 $a^2+b^2$ に等しいことを図のように分割し面積を移動させて行われています．（左側の斜線の部分用に補助線をひいておきましょう．三角形を回転させるのがコツです．）

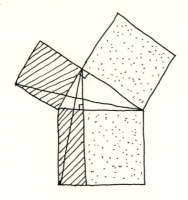

この「証明」という考えが数学の特徴で，そのため誰でもどこでも（たとえば他の惑星でも！）使える，疑問の点がなくすっきりとした議論になるのです．「証明」がないと，いろいろと主張しあうだけに終わってしまうのは，日常よく見るとおりです．

さて，今ではピタゴラスの定理で有名になっているピタゴラスですが，彼の一番主張したかったことは「万物は数である」ということでした．つまり，この宇宙のすべてのものは数（自然数を指している）で説明される，という数論的宇宙観です．ピタゴラスの生没年は，残念ながらはっきりしませんが，いろいろな記録から，紀元前572年頃に生れて紀元前492年頃に

亡くなった(『岩波数学辞典』など)と考えられています．ピタゴラスは，若いときにはエジプトやバビロニアに行って修学して故郷のサモス島に戻り，その後イタリア南部の海岸のクロトンに学校をひらき自分の学説を語りはじめたと伝えられています．ちょうど2500年前には70歳くらいの年になっていたはずです．きっと，その頃でもピタゴラスは，数から宇宙のすべてが，そのすべての調和がわかるのだ，と説いていたに違いありません．

ピタゴラスは数学を数論・音楽・幾何学・天文学の四分野からなるものとし，マテーマタ(もともと「学ばれるべきもの」を意味する語で，英語において数学を指すマセマティックスのもとになっている)と名づけました．これが「数学」という言葉の最初です．題材が数か量かで分けて，研究内容が静か動かと分けることによって，四分野となります．

|   | 静 | 動 |
|---|---|---|
| 数 | 数論 | 音楽 |
| 量 | 幾何学 | 天文学 |

数論は数の静的な理論，音楽は数の動的な理論，幾何学は量の静的な理論，天文学は量の動的な理論，というわけです．

これは現在の「数学」の意味からすると，ちょっと異様に見えるかも知れません．とくに，音楽と天文学が数学の中に入っ

ていたことに注目しておいてください．未来の数学が再び最初の意味の豊かな数学となることを期待したいものです．

ところで，ピタゴラスには音楽が欠かせない理由があります．それは，彼にとっては音楽こそが数学のはじまりだったからです．ある日のこと，ピタゴラスは鍛冶屋の前をとおりかかったときにキーン・コーン・カーンと響いてくる音に聴き入り，その調和を解明するために音程と整数比の関係に至ったのでした（プラトン『国家』531A-C）．弦の長さの比が1：2なら1オクターブ（8度），それが2：3なら5度，3：4なら4度，…というふうに協和音を生じていることを発見したのです．音楽の美しさの背後にも数の比の美しさがひそんでいたことはピタゴラスに「万物は数である」という思いを深くさせたに違いありません．ピタゴラスの場合は，この見える世界のみならず魂の世界まで踏み込んで考えていたようです．輪廻転生なども説いていたと伝えられています．

## ピタゴラスの影響

ピタゴラスの「万物は数である」という考えは，その後の数学に広い影響をおよぼしています．現代数学もそうですが，素粒子論や宇宙論などの分野においても，究極の方程式を求めようとする無数の試み——とくに，最近の超弦理論は万有理論とも呼ばれていますが，ゴールにかなり近づいているのかも知れません——に現れています．

## ピタゴラス(学派)についての証言

① 「ピタゴラスの徒」は，数学の研究に従事した最初の人々であるが，かれらは，この研究をさらに進めるとともに，数学のなかで育った人々なので，この数学の原理をさらにあらゆる存在の原理であると考えた．けだし数学の諸原理のうちでは，その自然において第一のものは数であり，そしてかれらは，こうした数のうちに，あの火や土や水などよりもいっそう多く存在するものや生成するものどもと類似した点のあるのが認められる，と思った，——ために数のこれこれの受動相(属性)は正義であり，これこれの属性は霊魂であり理性であり，さらに他のこれこれは好機であり，そのほか言わばすべての物事が一つ一つこのように数の或る属性であると解されたが，さらに音階の属性や割合(比)も数で表わされるのを認めたので，——要するにこのように，他のすべては，その自然の性をそれぞれ数にまねることによって，作られており，それぞれの数そのものは，これらすべての自然において第一のものである，と思われたので，その結果かれらは，数の構成要素をすべての存在の構成要素であると判断し，天界全体をも音階(調和)であり数であると考えた．(アリストテレス『形而上学』第1巻第5章，岩波文庫上巻，pp.40-41)

② ピタゴラスの徒も一種類の数を，すなわち数学的の数を認めるが，ただしこの人々は，この数を離されて存在するものとしないだけでなく，この数学的の数から感覚的な諸実体が合成されると言っている．けだし，かれらは全宇宙を諸々の数から作りあげているが，その数というのは，単位的な数ではなく，かえってかれらは単位そのものを或る大きさのあるものと解している．しかし，大きさをもつためには，どのようにして最初

の1が合成されえたか，これにはかれらも当惑したもののようである．(同第13巻第6章，岩波文庫下巻，p.189)

③ 万物の始元は1である．そしてこの1から，不定の2が生じるが，その不定の2は，原因である1にとっては，あたかも質料であるかのように，その基体となっている．そして，1と不定の2とから数が生じ，また数からは点が，点からは線が，線からは平面が，平面からは立体が，立体からは感覚される物体が生じるのである．そして感覚物の構成要素は，火，水，土，空気の四つである．また，これらの構成要素は相互に転換して完全に他のものに変るのである．なお，これらの構成要素から宇宙はつくられているのだが，この宇宙は，生命(魂)をもち，知的で，球状のものであり，地球を中心にしてそれを取り巻いているものなのである．また地球自体も球状のものであって，そのいたるところに人が住んでいるのである．(ディオゲネス・ラエルティオス『ギリシア哲学者列伝』第8巻第1章ピタゴラス，第25節，岩波文庫下巻，p.31)

　宇宙の基本法則をさがす研究は，今から400年くらい前のケプラー(1571年12月27日～1630年11月15日)で花開き，ケプラーによる三つの基本法則(楕円軌道の法則，面積速度一定の法則，公転周期の2乗と平均半径の3乗が比例するという法則)の発見にいたったわけですが，ケプラーの動機は「万物は数である」というピタゴラスの考えだったのです．ケプラーは1596年に出版されたデビュー作『宇宙の神秘』の序文で次のように述べています．

宇宙とは何か．
神には，創造のいかなる原因と理法が
そなわっているのか．
神は，どこから数をとったのか．
広大なる天体には，いかなる定規があるというのか．
どうして円軌道は六つなのか．
どの軌道にどれだけの間隔が入りこむのか．
木星と火星は第一の軌道をえがいてはいないのに
どうしてこれほど広く
二つの惑星のあいだがあいているのか．
そこでピュタゴラスは，このすべての秘密を，
五つの立体図形をもってあなたに教えてくれる．
いうまでもなく，彼は，
われわれの輪廻転生を自ら実例となって示した．
まことコペルニクスという名の
宇宙の一層すぐれた観察者が，
二千年来の過誤を経て生まれたことこそ，
その真相を語っていよう．
どうかいまここに発見された収穫を，
ドングリのようなものより軽視して
捨て去ることのないように．

(大槻真一郎・岸本良彦訳, 工作舎, p.2)

この本は，太陽系の惑星が6個（その当時発見されていたもの）である理由を，正多面体が5個のみであるという事実（ユー

クリッド『原論』の最後の定理)から説明しています．各惑星の周回球に次のように正多面体を内接・外接していくとうまくいくというのです：

土星 ⊃ 立方体(正6面体) ⊃ 木星 ⊃ 正4面体 ⊃ 火星 ⊃ 正12面体 ⊃ 地球 ⊃ 正20面体 ⊃ 金星 ⊃ 正8面体 ⊃ 水星

何とすばらしい思いつきでしょうか．ただし，これは土星の外側に天王星，海王星，冥王星という3個の惑星が発見されてしまっている現在では適用できませんし(冥王星はことし(2006年)の国際会議で惑星の座から下りました)，ケプラーも観測結果とある程度は合うものの，ピッタリとまでは行かないことを認めていました．ケプラーにとっては，数学的美しさを発見することのよろこびが最大だったのです．

後年，ケプラーは太陽系の惑星たちは，おのおのの軌道を動いていくときに音楽を奏でている(軌道のうちで角速度がはやいところほど高音)として，次のようなメロディーを書き取っています．

土星　　木星　　火星　　地球

金星　　水星　　月

この音階はケプラーの長年にわたる計算の集大成と言える『世界の和声(世界の調和)』(1619 年出版)に発表されています.ケプラーの三法則がまとめられたのはこの本です.各惑星の音楽はどのように感じられるでしょうか? なお,ケプラーは天文学者あるいは物理学者のように見られたりしていますが,職業は「数学官」であり,本人の自覚からしてまぎれもない数学者でした.ケプラーにおいてはピタゴラスの考えた四分科を総合した意味の数学が見事に統一され生きていたのです.

### 素　数

ピタゴラスの「万物は数である」という考えからすると数(自然数) $1, 2, 3, 4, 5, \cdots$ を積に関して分解しつくして得られる**素数**を研究することが何より大事なことになります.

ピタゴラス学派では素数を直線数,合成数を平面数(長方形数・正方形数)とも言っていたようです.これは小石を並べたときに,合成数では

$$
\underset{4}{\circ\circ\atop\circ\circ} \quad \underset{6}{\circ\circ\circ\atop\circ\circ\circ} \quad \underset{8}{\circ\circ\circ\circ\atop\circ\circ\circ\circ} \quad \underset{9}{\circ\circ\circ\atop\circ\circ\circ\atop\circ\circ\circ} \quad \underset{10}{\circ\circ\circ\circ\circ\atop\circ\circ\circ\circ\circ} \quad \underset{12}{\circ\circ\circ\circ\atop\circ\circ\circ\circ\atop\circ\circ\circ\circ}
$$

のように平面(長方形・正方形)の形になるのに対して,素数は

$$
\underset{2}{\circ\circ} \quad \underset{3}{\circ\circ\circ} \quad \underset{5}{\circ\circ\circ\circ\circ} \quad \underset{7}{\circ\circ\circ\circ\circ\circ\circ} \quad \underset{11}{\circ\circ\circ\circ\circ\circ\circ\circ\circ\circ\circ}
$$

のように直線に並べるしかないというところからきています.図形と数の関係では三角数,四角数,五角数などの図形数と呼

ばれるものも研究されています.

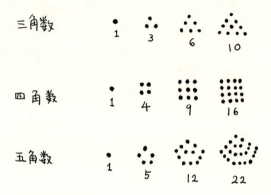

さらには,「万物は数である」という考えの一つは実際に「ものの形は何個の小石を並べて作れるか？」という素朴な疑問にも起因していたようです．これは，アリストテレスがピタゴラス学派のエウリトスについてつぎのように述べていることからわかります：「エウリトスが，どの数はどの事物の数——たとえば或る数は人間の数，他の或る数は馬の数——であるときめたような仕方，すなわち，ひとが三角や四角の図形に数をあてがったように，各々の生物（人間とか馬とか）の輪郭を型どるのに幾つかの小石を使い，その小石の数によってそれら各々の数をきめたような仕方」(『形而上学』第14巻第5章, 岩波文庫下巻, p.245).

さて，**素数**とは正確には1以外の自然数 $2, 3, 4, 5, \cdots$ のうちで，約数が1とそれ自身しかないものです．たとえば，100以下の素数は

2, 3, 5, 7, 11, 13, 17, 19, 23, 29, 31, 37, 41,

43, 47, 53, 59, 61, 67, 71, 73, 79, 83, 89, 97

の 25 個です．この先はどうなるのでしょうか？「素数を全部求めたい！」それが**素数解明の夢**です．はたして，全素数表は完成するのでしょうか？　ゆっくりと考えて行くことにしましょう．

　素数は物質の場合の原子(あるいは素粒子)にあたるものです．原子は(普通の状態では)それ以上分解できないものですが，分子はすべて原子の結合したものになっています．

|  | "分解しないもの"("素なもの") | 一般のもの |
|---|---|---|
| 物質 | 原子　H（水素）<br>　　　O（酸素）<br>　　　Si（ケイ素） | 分子　$H_2O$（水）<br>　　　$O_2$（酸素）<br>　　　$O_3$（オゾン）<br>　　　$SiO_2$（水晶）<br>　　　$SiH_2O_3$（ケイ酸） |
| 数 | 素数　3<br>　　　37<br>　　　313 | 自然数　$3^2 \cdot 37 = 333$<br>　　　　$37^2 = 1369$<br>　　　　$37^3 = 50653$<br>　　　　$313 \cdot 37^2 = 428497$<br>　　　　$313 \cdot 3^2 \cdot 37^3 = 14268950l$ |

　この様子は素数の場合もまったく同様です．自然数は素数の積として書くことができ，しかもその書き方は素数の順序を除けばただ一通りです．ただし，1 は 0 個の素数の積として書けていると考えることにします．たとえば，12 の場合なら

$$12 = 2 \times 2 \times 3 = 2 \times 3 \times 2 = 3 \times 2 \times 2$$

のように三つの書き方がありますが，順序を除けば一通りで

す.

　これは「素因数分解とその一意性」と呼ばれる,数論において最も根本的で重要な事実であり,決して当り前のことではありません.もともと素数は「それ以上分解できないもの」として決められたものですから,自然数が素数に分解するのかどうかは分りません.したがって,まず自然数を素数の積に分解できること,さらにはその分解が順序を除いて一通りであることの二つとも証明する必要があります.ここでは素因数分解できることの証明をして,一通りであることは付録1にまわしましょう.

**[自然数が素因数分解できることの証明]**

　1でない自然数$n$を考える.$n$が素数ならばそのままでよい.$n$が素数でないならば1と$n$以外の約数をもつ.その約数の中で最小のものを$p$とする.その$p$は素数である.なぜなら,もし$p$が素数でなかったとすると$p$は1と$p$以外の約数をもつが,それは$n$の約数で$p$より小さいものになってしまうから$p$のとり方に矛盾する.したがって$p$は素数であり,$n=pm$と書くと$m$は$n$より小さい自然数である.今度は$m$に対して同じことを行う.これをくりかえせばよい.（証明終）

　この証明は,自然数$n$を素因数に分解することを考えるとすなおに思い浮かぶ方法でしょう.これは素因数分解のしかたを与えています.もし$n$が素数ならばそのままで分解できているし,$n$が素数でないときには最小の(1でない)約数$p$をと

ると，それが素因子になっていて，あとは $\frac{n}{p}$ に同じ操作を行い，くりかえすと，ついには $n$ の素因数分解に至る．ふつうは，この証明の書き方で充分でしょうが，さいごの「くりかえせばよい」が気にかかる人もいるかも知れません．そのような人には**数学的帰納法**がすっきりしています．

数学的帰納法（かんたんに帰納法とも言う）とは，ある性質の列 $P(1), P(2), P(3), \cdots$ が成り立つことを証明するのに

① $P(1)$ は成り立つ

② $n \geq 1$ のとき，$P(n)$ が成り立つと仮定すれば $P(n+1)$ も成り立つ

の二つを言えばよい，という論法です．実際

$$P(1) \text{が成り立つ}(①) \underset{(n=1)}{\overset{②}{\Longrightarrow}} P(2) \text{が成り立つ} \underset{(n=2)}{\overset{②}{\Longrightarrow}} P(3) \text{が成り立つ} \Longrightarrow \cdots$$

と一つずつずれていって，すべての $P(n)$ $(n=1,2,3,\cdots)$ が成り立つことがわかります．将棋倒しかドミノ倒しのようにパタパタと倒れていくわけです．

もちろん，$P(n)$ $(n=2,3,4,\cdots)$ を考えたければ

① $P(2)$ は成り立つ

② $n \geq 2$ のとき，$P(n)$ が成り立つと仮定すれば $P(n+1)$ も成り立つ

を示せばよいわけです．また，$P(n)$ $(n=1,2,3,\cdots)$ が成り立つことを証明するために言い方を少し変えて

① $P(1)$ は成り立つ

② $P(1), \cdots, P(n)$ が成り立つと仮定すれば $P(n+1)$ も成り立つ

の二つを言っても

$P(1)$ が成り立つ(①) $\implies$ $P(1), P(2)$ ② が成り立つ ($n=1$) $\implies$ $P(1), P(2), P(3)$ ② が成り立つ ($n=2$) $\implies \cdots$

となりますので大丈夫です.これも数学的帰納法と呼びます.

---

**例** $1+2+\cdots+n = \dfrac{n(n+1)}{2}$ の数学的帰納法による証明

---

等式を $P(n)$ とおく.

① $n=1$ のときは $P(1)$ は $1=1$ となり成り立つ.

② $n \geq 1$ のとき

$$P(n): 1+2+\cdots+n = \frac{n(n+1)}{2}$$

が成り立つとすると

$$1+2+\cdots+n+(n+1) = \frac{n(n+1)}{2} + n + 1$$
$$= \frac{(n+1)(n+2)}{2}$$

となって $P(n+1)$ が成り立つ.

よってすべての $P(n)$ が成り立つ.(証明終)


ガウス(1777年4月30日〜1855年2月23日)は小学生のときに

$$1+2+3+4+5+\cdots+100$$

の答えを 5050 とすらすらと答えたというエピソードがあります が，例はその一般公式です．ガウスは

$$(1+2+\cdots+99+100)+(100+99+\cdots+2+1)$$
$$=(1+100)+(2+99)+\cdots+(99+2)+(100+1)$$
$$=101\times100$$

として，その半分を答えたのでした．ピタゴラス学派の図形数 の考えによれば

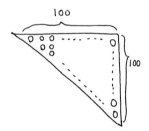

を二つ用意して

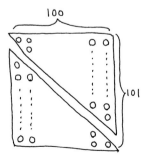

とすれば長方形ができて求める答えは $100 \times 101 \div 2 = 5050$ とわかります．（一般の $n$ でもまったく同様です．）

### ［自然数が素因数分解できることの数学的帰納法による証明］

$P(n)$ を「$n$ は素因数分解できる」という性質だとする．

① $P(1)$ は明らかに成り立つ（$P(1)$ が気になる人は $P(2)$ から始めてもよい）

② $P(1), \cdots, P(n)$ が成り立つとすると $P(n+1)$ も成り立つ

ことを示す．（つまり，$1, \cdots, n$ が素因数分解できれば $n+1$ も素因数分解できる，ということ．）まず $n+1$ が素数なら $P(n+1)$ は成り立つ．次に $n+1$ が素数でなければ $n+1$ の約数 $m$ で $1 < m < n+1$ となるものがとれる．すると $m$ と $\dfrac{n+1}{m}$ はともに $n$ 以下の自然数だから仮定より $P(m), P\left(\dfrac{n+1}{m}\right)$ は成り立っている．つまり，$m$ と $\dfrac{n+1}{m}$ は素因数分解できている．したがって

$$n+1 = m \cdot \dfrac{n+1}{m}$$

も素因数分解でき，$P(n+1)$ も成り立つ．①②よりすべての自然数は素因数分解できる．（証明終）

さらに別の証明法として**背理法**があります．背理法というのは何かの性質 P を示したいときに，「P が成り立たない」と仮定して話をすすめ，矛盾（変なこと，おかしなこと）が出てきた

ら，その「Pが成り立たない」という仮定がまずかったのだから，Pは成り立つ，という言い方です．これは強力な方法で，これ以外に方法が見つからないようなときもよくあります．ただし，「Pが成り立たない」と仮定したあとの話のすすめ方は論理的でなければならないのは当然です．そこの論理が誤っていて矛盾が出ても何にもなりません．

有名なフェルマー予想というのは

$p$ が 3 以上の素数ならば

$a^p + b^p = c^p$

となる自然数 $a, b, c$ はない

という 1637 年頃に提出された予想で，350 年以上にわたって挑戦をしりぞけていたのですが，1995 年になってワイルズさんによって最終的に証明され解決されました．$p=2$ のときはピタゴラスの定理で $3^2 + 4^2 = 5^2$ などがありますので $p$ は 3 以上でないといけません．このフェルマー予想の証明はゼータ統一の一応用として第 3 章で紹介しますが，その証明は背理法です．つまり，$a^p + b^p = c^p$ となる $a, b, c$ が存在したとして矛盾を出すわけです．ワイルズさんは 2 次のゼータを考えて矛盾を出して成功したのですが，それまでの矛盾を出す試みはすべて失敗に終り，中には"矛盾"は出たものの論理の誤りによる間違いだったことも少なくありませんでした．背理法を使うときにはくれぐれも注意したいものです．

## ［自然数が素因数分解できることの背理法による証明］

いま，素因数分解できない自然数があったとして，その最小

のもの $n$ をとる．(したがって，$n$ より小さい自然数は素因数分解できる．) $n$ は素数ではない(素数ならそのままで素因数分解できてる！)ので，1 と $n$ でない約数 $m$ $(1<m<n)$ が存在する．すると $m$ と $\dfrac{n}{m}$ はどちらも $n$ より小さいので素因数分解でき

$$n = m \cdot \frac{n}{m}$$

も素因数分解できてしまい，矛盾が生じる．よって，素因数分解できない自然数はない．(証明終)

### 素数は無限個ある

　素数が無限個ある，という衝撃的な事実の発見者はピタゴラスだと思います．私には，この結果を聞いたときに「どうしたら無限個あるなんてことがわかるのだろうか？」とあれやこれや考えてみても，どうしてもわからなかった思い出があります．まだ証明を聞いたことのない人は(聞いたことのある人はそれをすっかり忘れて)考えてみてください．

　いずれにせよ，これは古代ギリシア数学の最高の精華だったでしょう．最初の発見者の自筆原稿が見つかっていないのは残念でしかたありません．タイムマシンで見に行きたいものです．公式記録は，ピタゴラスの定理(三平方の定理)の場合と同様に，ここでもユークリッドの『原論』です．そこで，次のページに『原論』からいくつかの命題や定義を原文どおりに抜き出しておきましょう．今から 2300 年くらい昔のギリシア時代の言い方を味わってください．

**ユークリッド『原論』**

(中村・寺阪・伊藤・池田訳，共立出版，[　]は筆者注)

第 1 巻

定義 1「点とは部分をもたないものである．」

定義 2「線とは幅のない長さである．」

定義 3「線の端は点である．」

命題 47「直角三角形において直角の対辺の上の正方形は直角をはさむ 2 辺の上の正方形の和に等しい．」[ピタゴラスの定理]

命題 48「もし三角形において 1 辺の上の正方形が三角形の残りの 2 辺の上の正方形の和に等しければ，三角形の残りの 2 辺によってはさまれる角は直角である．」[ピタゴラスの定理の逆]

第 7 巻

定義 12「素数とは単位(1)によってのみ割り切られる数である．」

命題 32「すべての数は素数であるかまたは何らかの素数に割り切られる．」[素因数分解]

第 9 巻

命題 20「素数の個数はいかなる定められた素数の個数よりも多い．」[素数は無限個！]

第 12 巻

命題 10「すべての円錐はそれと同じ底面，等しい高さをもつ円柱の 3 分の 1 である．」[円錐の体積の公式]

## [素数は無限個あることの証明]

**証明1**(背理法) 素数が有限個 $p_1, \cdots, p_n$ しかないとする.そのとき $p_1 \times \cdots \times p_n + 1$ の素因数分解を考えると,素数 $p_1, \cdots, p_n$ のどれかで割り切れないとおかしいが,どれで割っても1余ってしまう.これは矛盾である.したがって,素数は無限個ある.(証明終)

**証明2**(直接法) 素数が何個でもいいから与えられたとする.それを $p_1, \cdots, p_n$ とする.このとき $p_1, \cdots, p_n$ 以外の素数が存在することを示せば(それをくりかえして)素数は無限個あることがわかる.その新しい素数としては $p_1 \times \cdots \times p_n + 1$ の最小の素因数を取り出せばよい.(証明終)

> **例** 証明2の方法で2からはじめて素数を作ると
> $$2 \to 3 \to 7 \to 43 \to 13 \to 53 \to 5 \cdots$$
> と無限個の素数が出てきます.ここにすべての素数が出てくるのかどうかは未解決の大問題です.

 証明1も証明2もやっていることはほとんど同じことで,素因数分解できることが鍵になっています.ただし,証明2の方がより建設的です.ユークリッド『原論』第9巻命題20の証明も——命題の言い表し方からもわかるかも知れませんが——証明2の方法でした.さらに,証明2の終りのところで「最小の素因数」の代りに「1でない最小の約数」とすれば,素因数分解を直接使わなくても証明できています.その約数は素因数分解の第1の証明で見たように結局,素数になるわけですので.

> **例** 証明 2 を使えば $p_1 = 2$, $p_2 = 3$, $p_3 = 5, \cdots$ と素数を小さい方から順番付けしたとき
> $$p_n \leq 2^{2^{n-1}}$$
> となることが示せます．

**証明** $n$ についての数学的帰納法を用いる．$n = 1$ のときは $p_1 = 2$ となり成り立つ．次に，$p_1, \cdots, p_n$ に対して不等式が成り立つと仮定すると，証明 2 の作りかたから

$$\begin{aligned}
p_{n+1} &\leq p_1 \times p_2 \times \cdots \times p_n + 1 \\
&\leq 2^{1+2+\cdots+2^{n-1}} + 1 \\
&= 2^{2^n - 1} + 1 \\
&\leq 2^{2^n}
\end{aligned}$$

となって，$p_{n+1}$ に対しても成り立つ．よってすべての $p_n$ に対して成り立つ．（証明終）

このような評価ができるのも背理法にはない構成的方法のよさです．

さて，このようにして，素数が無限個あることがわかってしまった以上，素数を全部書き上げることはむつかしい！ どのようにして全部みつけて，どのようにして全部書き上げたらいいのだろうか？ 私は「全素数表」というのを『数学セミナー 1996 年 1 月号』とじこみ付録の『数学セミナー 2096 年 1 月号』の 26 ページで見たことがあります．それは連載の最終回

とのことで，全素数表の最後の部分

```
97  89  83  ……


           ……  5   3   2
```

しか見られませんでした．素数を大きい方から書き上げて（書き下して？）来たということですが，今の数学のレベルからではどのようなものかは推測できません．きっと，第1回目は大変だったのではないでしょうか(!?)

余談ですが，21世紀には数学でどのようなことがおこるのかについては『数学セミナー 2096年1月号』の内容やそれに付け合わされている21世紀の年表が参考になるかも知れません．たとえば，「全素数表」は2077年に「素数博物館」が完成して（場所は地図からみると羅印運河の近くらしい），その天井にかかげられるようです．また，そこにある星彼方さんの記事「リーマンのゼータ関数研究」は今お話ししている内容と深く関連しています．

## オイラー登場

素数が無限個あることはギリシア時代からわかっていたのですがそれ以上くわしいことは2000年以上ほとんどわかりませんでした．この長い暗黒時代を突き破って素数の研究に画期的

な進歩をもたらしたのが,オイラー(1707年4月15日〜1783年9月18日)であり,1737年,ちょうど30歳のときでした.オイラーは,彼の論文を集めた全集が90巻を超えてまだ完結しないほど大量の論文を書いた大数学者です.

1737年オイラーは素数の逆数の和

$$\frac{1}{2}+\frac{1}{3}+\frac{1}{5}+\frac{1}{7}+\frac{1}{11}+\frac{1}{13}+\frac{1}{17}+\cdots$$

が無限大になることを見つけました.素数の逆数をたしていくとどんな数よりも大きくなっていくというのです.もし,素数が有限個しかなかったとすれば,それらの逆数の和は当然,有限(さらに有理数にもなる)ですから,逆数の和が無限大になることから素数が無限個あることはかんたんにわかります.

ここで,逆数の和が無限大ということをいくつか例をあげて考えてみましょう.下の表で∞は"無限"と"無限大"を示す記号です.この表を見ると,ある種の自然数が無限個あってもそれらの逆数の和が無限大とは限らないことがわかります.

|  | 個数 | 逆数和 |
| --- | --- | --- |
| 自然数全体 | ∞ | ∞ |
| 素数全体 | ∞ | ∞ |
| 平方数全体 | ∞ | 有限で $\frac{\pi^2}{6}$ |
| 立方数全体 | ∞ | 有限(付録3を参照.) |
| 4乗数全体 | ∞ | 有限で $\frac{\pi^4}{90}$ |
| 双子素数全体 | たぶん ∞ | 有限で 1.9021... |

**平方数**　まず，平方数全体から見ましょう．平方数というのは

$$1 = 1^2, \quad 4 = 2^2, \quad 9 = 3^2, \quad 16 = 4^2, \quad 25 = 5^2, \quad \cdots$$

という数です．これはもちろん無限個ありますが，それらの逆数の和

$$1 + \frac{1}{4} + \frac{1}{9} + \frac{1}{16} + \frac{1}{25} + \cdots$$

は有限で，しかも 2 以下であることが次のようにわかります：
$m = 2, 3, \cdots$ のとき

$$\begin{aligned}
&1 + \frac{1}{4} + \frac{1}{9} + \cdots + \frac{1}{m^2} \\
&\quad < 1 + \frac{1}{1 \cdot 2} + \frac{1}{2 \cdot 3} + \cdots + \frac{1}{(m-1)m} \\
&\quad = 1 + \left(1 - \frac{1}{2}\right) + \left(\frac{1}{2} - \frac{1}{3}\right) + \cdots + \left(\frac{1}{m-1} - \frac{1}{m}\right) \\
&\quad = 1 + 1 - \frac{1}{2} + \frac{1}{2} - \frac{1}{3} + \frac{1}{3} - \frac{1}{4} + \frac{1}{4} - \cdots \\
&\qquad - \frac{1}{m-1} + \frac{1}{m-1} - \frac{1}{m} \\
&\quad = 2 - \frac{1}{m}
\end{aligned}$$

ですからいつまでたっても 2 以下になります．

$$1 + \frac{1}{4} + \frac{1}{9} + \frac{1}{16} + \frac{1}{25} + \cdots$$

の本当の値が

$$\frac{\pi^2}{6} = 1.6449340668482264364\cdots$$

となること($π=3.1415\cdots$ は円周率)はオイラーが苦闘の末 1735 年に見つけ,ゼータ研究に導かれることになったのですが,それはあとにまわしましょう.

**立方数・4 乗数** 次に,立方数(3 乗数)

$$1 = 1^3, \quad 8 = 2^3, \quad 27 = 3^3, \quad 64 = 4^3, \quad \cdots$$

や 4 乗数

$$1 = 1^4, \quad 16 = 2^4, \quad 81 = 3^4, \quad 256 = 4^4, \quad \cdots$$

の場合も無限個あることは当り前ですが,$m^2 \leq m^3 \leq m^4$ ですから

$$\begin{aligned}
1 + \frac{1}{16} + \frac{1}{81} + \frac{1}{256} + \cdots &\leq 1 + \frac{1}{8} + \frac{1}{27} + \frac{1}{64} + \cdots \\
&\leq 1 + \frac{1}{4} + \frac{1}{9} + \frac{1}{16} + \cdots \\
&\leq 2
\end{aligned}$$

となります.立方数の逆数の和の公式はオイラーが 1772 年に出しています(付録 3 に出てくる $\zeta(3)$ です).4 乗数の逆数の和の正確な値はやはりオイラーが 1735 年に $\dfrac{\pi^4}{90}$ と求めました.

**自然数の逆数の和が無限大となること**(オレーム,1350 年頃)

自然数の逆数の和

$$1 + \frac{1}{2} + \frac{1}{3} + \frac{1}{4} + \frac{1}{5} + \frac{1}{6} + \frac{1}{7} + \cdots$$

は無限大になります.これは,いくらでも大きくなるというこ

とを証明せねばわかりません．実際にたしていっても

$$1 + \frac{1}{2} = 1.5$$
$$1 + \frac{1}{2} + \frac{1}{3} = 1.833\cdots$$
$$1 + \frac{1}{2} + \frac{1}{3} + \frac{1}{4} = 2.083\cdots$$
$$1 + \frac{1}{2} + \frac{1}{3} + \frac{1}{4} + \frac{1}{5} = 2.283\cdots$$

となかなか無限大に近づくようには見えません．（かなりゆっくりと大きくなるのです．）証明は次のようなうまいくふうでできます：

$$\begin{aligned}
&1 + \frac{1}{2} + \frac{1}{3} + \frac{1}{4} + \frac{1}{5} + \frac{1}{6} + \frac{1}{7} + \frac{1}{8} \\
&+ \frac{1}{9} + \frac{1}{10} + \frac{1}{11} + \frac{1}{12} + \frac{1}{13} + \frac{1}{14} + \frac{1}{15} + \frac{1}{16} + \cdots \\
&= 1 + \frac{1}{2} + \left(\frac{1}{3} + \frac{1}{4}\right) + \left(\frac{1}{5} + \frac{1}{6} + \frac{1}{7} + \frac{1}{8}\right) \\
&\quad + \left(\frac{1}{9} + \frac{1}{10} + \frac{1}{11} + \frac{1}{12} + \frac{1}{13} + \frac{1}{14} + \frac{1}{15} + \frac{1}{16}\right) + \cdots \\
&\geq 1 + \frac{1}{2} + \underbrace{\left(\frac{1}{4} + \frac{1}{4}\right)}_{2\text{個}} + \underbrace{\left(\frac{1}{8} + \frac{1}{8} + \frac{1}{8} + \frac{1}{8}\right)}_{4\text{個}} \\
&\quad + \underbrace{\left(\frac{1}{16} + \frac{1}{16} + \frac{1}{16} + \frac{1}{16} + \frac{1}{16} + \frac{1}{16} + \frac{1}{16} + \frac{1}{16}\right)}_{8\text{個}} + \cdots \\
&= 1 + \frac{1}{2} + \frac{1}{2} + \frac{1}{2} + \frac{1}{2} + \cdots \\
&= \infty.
\end{aligned}$$

この最後のところは $\frac{1}{2}$ が無限個でてくることから無限大とわかります.

この証明のやり方から $m = 2, 3, \cdots$ のとき

$$1 + \frac{1}{2} + \frac{1}{3} + \cdots + \frac{1}{2^m}$$
$$= 1 + \frac{1}{2} + \left(\frac{1}{3} + \frac{1}{4}\right) + \cdots + \left(\frac{1}{2^{m-1}+1} + \cdots + \frac{1}{2^m}\right)$$
$$\geq 1 + \frac{1}{2} + \left(\frac{1}{4} + \frac{1}{4}\right) + \cdots + \left(\frac{1}{2^m} + \cdots + \frac{1}{2^m}\right)$$
$$= 1 + \frac{1}{2} + \frac{1}{2} + \cdots + \frac{1}{2}$$
$$= 1 + \frac{m}{2}$$

となり,逆に上からおさえると

$$1 + \frac{1}{2} + \frac{1}{3} + \cdots + \frac{1}{2^m}$$
$$= 1 + \left(\frac{1}{2} + \frac{1}{3}\right) + \left(\frac{1}{4} + \frac{1}{5} + \frac{1}{6} + \frac{1}{7}\right)$$
$$\quad + \cdots + \left(\frac{1}{2^{m-1}} + \cdots + \frac{1}{2^m - 1}\right) + \frac{1}{2^m}$$
$$\leq 1 + \left(\frac{1}{2} + \frac{1}{2}\right) + \left(\frac{1}{4} + \frac{1}{4} + \frac{1}{4} + \frac{1}{4}\right)$$
$$\quad + \cdots + \left(\frac{1}{2^{m-1}} + \cdots + \frac{1}{2^{m-1}}\right) + \frac{1}{2^m}$$
$$= 1 + 1 + 1 + \cdots + 1 + \frac{1}{2^m}$$
$$= 1 + (m-1) + \frac{1}{2^m}$$
$$< 1 + m$$

となります. すなわち

$$1 + \frac{m}{2} \leq 1 + \frac{1}{2} + \frac{1}{3} + \cdots + \frac{1}{2^m} \leq 1 + m$$

となり,このように $1 + \frac{1}{2} + \frac{1}{3} + \cdots$ はかなりゆっくりと無限大に行くことがわかります.

実は素数の逆数の和が無限大になることは,自然数の逆数の和が無限大になることと結びついているのですが,それを見抜くにはオイラーの眼力が必要でした. そこを次に見ましょう.

### ゼータのはじまり

オイラーは 1737 年に等式

$$\frac{1}{1-\frac{1}{2}} \times \frac{1}{1-\frac{1}{3}} \times \frac{1}{1-\frac{1}{5}} \times \frac{1}{1-\frac{1}{7}} \times \frac{1}{1-\frac{1}{11}} \times \cdots$$

$$= 1 + \frac{1}{2} + \frac{1}{3} + \frac{1}{4} + \frac{1}{5} + \frac{1}{6} + \frac{1}{7}$$

$$+ \frac{1}{8} + \frac{1}{9} + \frac{1}{10} + \frac{1}{11} + \frac{1}{12} + \cdots$$

を発見したのです.

この左辺は素数 $2, 3, 5, 7, 11, \cdots$ にかんする積であり,右辺は自然数 $1, 2, 3, \cdots$ にかんする和となっていて,等式は

$$\boxed{\text{素数全体にかんする積}} = \boxed{\text{自然数全体にかんする和}}$$

という形をしています. よく見て味わってください. この式に至るまでにギリシア以来 2000 年の時間が経っていました. この素数にかんする積は**素数をまとめあげたもの**であり**オイラー**

**積**と呼ばれていますが，これが**ゼータ**のはじまりだったのです．

さて，素数全体と自然数全体の間の等式を見るには

$$\frac{1}{1-x} = 1 + x + x^2 + x^3 + \cdots$$

という式に $x = \dfrac{1}{2}, \dfrac{1}{3}, \dfrac{1}{5}, \dfrac{1}{7}, \dfrac{1}{11}, \cdots$ を代入したものを使って

$$\frac{1}{1-\frac{1}{2}} \times \frac{1}{1-\frac{1}{3}} \times \frac{1}{1-\frac{1}{5}} \times \frac{1}{1-\frac{1}{7}} \times \frac{1}{1-\frac{1}{11}} \times \cdots$$

$$= \left(1 + \frac{1}{2} + \frac{1}{4} + \frac{1}{8} + \cdots\right) \times \left(1 + \frac{1}{3} + \frac{1}{9} + \frac{1}{27} + \cdots\right)$$

$$\times \left(1 + \frac{1}{5} + \frac{1}{25} + \cdots\right) \times \left(1 + \frac{1}{7} + \frac{1}{49} + \cdots\right)$$

$$\times \left(1 + \frac{1}{11} + \frac{1}{121} + \cdots\right) \times \cdots$$

とします．ここでカッコをはずして展開すると

$$1 + \frac{1}{2} + \frac{1}{3} + \frac{1}{4} + \frac{1}{5} + \frac{1}{6}$$
$$+ \frac{1}{7} + \frac{1}{8} + \frac{1}{9} + \frac{1}{10} + \frac{1}{11} + \frac{1}{12} + \cdots$$

が得られます．これは，まず，各カッコの最初の項だけをとりだしてかけ算する．つぎにはじめのカッコからは2番めをとりだし，それ以外のカッコからは最初の項をとりだしてかけ算する．このようにして，

$$1 = 1 \times 1 \times 1 \times 1 \times 1 \times \cdots \quad \frac{1}{7} = 1 \times 1 \times 1 \times \frac{1}{7} \times 1 \times \cdots$$

$$\frac{1}{2} = \frac{1}{2} \times 1 \times 1 \times 1 \times 1 \times \cdots \quad \frac{1}{8} = \frac{1}{8} \times 1 \times 1 \times 1 \times 1 \times \cdots$$

$$\frac{1}{3} = 1 \times \frac{1}{3} \times 1 \times 1 \times 1 \times \cdots \quad \frac{1}{9} = 1 \times \frac{1}{9} \times 1 \times 1 \times 1 \times \cdots$$

$$\frac{1}{4} = \frac{1}{4} \times 1 \times 1 \times 1 \times 1 \times \cdots \quad \frac{1}{10} = \frac{1}{2} \times 1 \times \frac{1}{5} \times 1 \times 1 \times \cdots$$

$$\frac{1}{5} = 1 \times 1 \times \frac{1}{5} \times 1 \times 1 \times \cdots \quad \frac{1}{11} = 1 \times 1 \times 1 \times 1 \times \frac{1}{11} \times \cdots$$

$$\frac{1}{6} = \frac{1}{2} \times \frac{1}{3} \times 1 \times 1 \times 1 \times \cdots \quad \frac{1}{12} = \frac{1}{4} \times \frac{1}{3} \times 1 \times 1 \times 1 \times \cdots$$

となることからからわかります.自然数の素因数分解とその一意性が使われていることに注意してください.

このようにして

$$\frac{1}{1 - \frac{1}{2}} \times \frac{1}{1 - \frac{1}{3}} \times \frac{1}{1 - \frac{1}{5}} \times \frac{1}{1 - \frac{1}{7}} \times \frac{1}{1 - \frac{1}{11}} \times \cdots$$
$$= \infty$$

となることがわかりました.これから素数の逆数の和が無限大となることを導くために不等式

$$\boxed{0 < x \leq \frac{1}{2} \text{ のとき } \frac{1}{1-x} \leq 10^x}$$

を用いることにしましょう.(指数関数あるいは対数関数を使って証明できます.付録2を参照してください.知っている人は,見ないで証明してみてください.)

この不等式を $x = \frac{1}{2}, \frac{1}{3}, \frac{1}{5}, \frac{1}{7}, \frac{1}{11}, \cdots$ に使うと

$$\infty = \frac{1}{1-\frac{1}{2}} \times \frac{1}{1-\frac{1}{3}} \times \frac{1}{1-\frac{1}{5}} \times \frac{1}{1-\frac{1}{7}} \times \frac{1}{1-\frac{1}{11}} \times \cdots$$
$$\leq 10^{\frac{1}{2}} \times 10^{\frac{1}{3}} \times 10^{\frac{1}{5}} \times 10^{\frac{1}{7}} \times 10^{\frac{1}{11}} \times \cdots$$
$$= 10^{\frac{1}{2}+\frac{1}{3}+\frac{1}{5}+\frac{1}{7}+\frac{1}{11}+\cdots}$$

となることがわかります．したがって

$$\frac{1}{2}+\frac{1}{3}+\frac{1}{5}+\frac{1}{7}+\frac{1}{11}+\cdots$$

が無限大でなければならないことがわかりました．これが 1737 年にオイラーが発見したことです．

### 素数解明を目指して

素数解明の夢は「素数のことをすっかり知りたい！」という願いです．そのためにいろいろなことが考えられますが——$\{2,3,5,7,11,\cdots\}$ という "空間" は何なのか，は素朴でわかりやすい問です——与えられた数 $x$ 以下の素数の個数 $\pi(x)$ を求めることは具体的な目標の一つです．（ここの $\pi$ は円周率とは関係なく，素数 prime の頭文字 p に対応するギリシア文字という意味合いで使われています．）

$\pi(x)$ のグラフは次のページの図のように階段状になっていて，ちょうど素数のところでジャンプしています．ですから，$\pi(x)$ がきちんと求まれば素数もちゃんと求まったことになります．そのような $\pi(x)$ の公式はありそうに見えないのですが，リーマン(1826 年 9 月 17 日〜1866 年 7 月 20 日)は 1859 年に次の "素数公式" を見つけました：

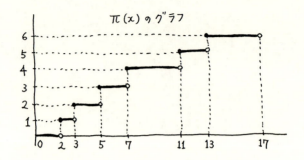

$\pi(x)$ のグラフ

$$\pi(x) = \sum_{m=1}^{\infty} \frac{\mu(m)}{m}\Big(\mathrm{Li}(x^{\frac{1}{m}}) - \sum_{\rho} \mathrm{Li}(x^{\frac{\rho}{m}}) + \int_{x^{\frac{1}{m}}}^{\infty} \frac{dt}{(t^2-1)t\log t} - \log 2\Big).$$

中身は第2章で扱いたいのですが，ここでは，ともかくきちんと書けているということだけを観賞してください．たとえば，右辺を計算しても $\pi(10)=4$, $\pi(100)=25$ などになっているはずです！ 数学には絵を見るときのように数式を見て楽しむという親しみ方もあります．一つだけ触れておきますと，$\rho$（ギリシア文字で 'ロー' とよみます）は「リーマン・ゼータ関数の虚の零点全体」（無限個あります）を動くのですが，

$$\rho \text{ の実数部 } \mathrm{Re}(\rho) \text{ はすべて } \frac{1}{2} \text{ になる}$$

とリーマンによって予想されています．これが現代数学で最も難しい問題と言われている**リーマン予想**です．20世紀の数学の原動力はこの予想を解くことにあったと言えるほどですが，

未解決です．このように，素数解明の夢はゼータ関数の零点
——とくにリーマン予想——というものに深く結びついている
ことがわかっています．

なお，普通「素数定理」と言われている定理は

$$\pi(x) \sim \frac{x}{\log x}$$

という，$\pi(x)$ のおよその大きさは $x$ を（自然）対数 $\log x$ で割っ
たくらいだ（$\sim$ は $x \to \infty$ のときに両辺の比が1に近づく，つ
まり両辺はほぼ同じという意味です）と言っている結果です．
これはリーマンの素数公式と $\text{Re}(\rho)<1$ という事実（$\text{Re}(\rho)=\frac{1}{2}$
までわからなくてよい）から約100年前の1896年にアダマー
ルとド・ラ・ヴァレ・プーサンの2人によって独立に証明さ
れました．

### 双子素数

逆数和の表には双子素数（ふたごそすう）の逆数の和が
$1.9021\cdots$ で有限であるということも書いてありました．双
子素数というのは

$(3,5), \quad (5,7), \quad (11,13), \quad (17,19), \quad (41,43), \quad \cdots$

のように2だけずれた素数の組をいいます．計算してみると
どんどん出てきて無限組ありそうに見えるのですが，今もって
証明されていません．双子素数の場合に難しいのは素数全体の
ときと異なって逆数の和

$$\left(\frac{1}{3}+\frac{1}{5}\right)+\left(\frac{1}{5}+\frac{1}{7}\right)+\left(\frac{1}{11}+\frac{1}{13}\right)+\left(\frac{1}{17}+\frac{1}{19}\right)$$
$$+\left(\frac{1}{41}+\frac{1}{43}\right)+\cdots$$

が無限大とはならずに $1.9021\cdots$ と有限になることが1919年にブルンによって証明されている点です．したがって，逆数の和を見るだけでは，双子素数が無限組あることは証明できません．双子素数はかなり少ないのです．この問題は，フェルマー予想が解かれた今，広い範囲の人に考えていただきたいおもしろい問題です．双子素数の分布については，$x$ 以下の双子素数の組の個数を $\pi_{双子}(x)$ とすると

$$\pi_{双子}(x) \sim (1.3203\cdots) \times \frac{x}{(\log x)^2}$$

とハーディとリトルウッドによって予想されています．この定数は

$$1.3203\cdots$$
$$= 2 \times \left(1-\frac{1}{(3-1)^2}\right) \times \left(1-\frac{1}{(5-1)^2}\right)$$
$$\times \left(1-\frac{1}{(7-1)^2}\right) \times \left(1-\frac{1}{(11-1)^2}\right) \times \cdots$$

という3以上の素数 $3, 5, 7, 11, \cdots$ に関する積になっています．

◀コラム▶

## 循環計算

142857を何倍かしてみると次のようになります：

$$142857 \times 1 = 142857$$
$$142857 \times 3 = 428571$$
$$142857 \times 2 = 285714$$
$$142857 \times 6 = 857142$$
$$142857 \times 4 = 571428$$
$$142857 \times 5 = 714285$$
$$[142857 \times 7 = 999999]$$

右側の答えのところは142857がよこにもたてにもクルクル循環しています．これは

$$\frac{1}{7} = 0.142857142857142857\cdots$$

に関係しています．実は同じようなことは $7, 17, 19, 23, 29, 47, 59, 61, 97, \cdots$ でも考えられるのですが，そのような特別な素数($\frac{1}{p}$を小数展開したときに循環節の長さが $p-1$ となる素数)が無限個あるのかどうかは「リーマン予想」につながってきます．「拡張されたリーマン予想」が正しければ，そのような素数は素数全体のうちの約37.4％(およそ$\frac{3}{8}$)である(とくに，無限個ある)ことが導けます．たとえば，100以下の素数は25個ありますが，そのうちの9個——上にあがっているものです——が求める素数であることをガウスが計算しています．ここまでの割合は36％で，なかなかよくあっています．

# 2
## オイラーからリーマンへ

ほんとうはひとつひとつひとつにえみもて

### ゼータ

 いよいよゼータが登場します．これからいろいろなゼータを紹介していきますが，はじめにゼータは生きものによく似ていることを注意しておきたいと思います．地球の生きものを単細胞生物，多細胞生物，ウィルスの三つに分ける（ウィルスを生きものとしないときもあるかも知れませんが，ここでは入れておきます）と，それに対応してゼータも $\mathbf{Z}$ ゼータ（数論的ゼータ[整数世界のゼータ]），$\mathbf{R}$ ゼータ（実数世界のゼータ），$\mathbf{F}_p$ ゼータ（有限世界のゼータ）となります．ここで，$\mathbf{Z}$ は整数全体 $\{0, \pm 1, \pm 2, \cdots\}$，$\mathbf{R}$ は実数全体を表す記号で，$\mathbf{F}_p$ は素数 $p$ に対して

$$\mathbf{F}_p = \{0, 1, \cdots, p-1\}$$

という整数を $p$ で割った余りからなるものを指しています．

 第2章と第3章の目標はこの三種類のゼータの生きている様子を見ることと，どのように統一できるのかを考えることです．（できれば，すべてのゼータを $\mathbf{F}_1$ ゼータとして統一して見るという絶対数学へ分け入りたいと思っています．）

 さて，最初のゼータは

$$\zeta(s) = \prod_{p:\text{素数}} (1-p^{-s})^{-1} = \sum_{n=1}^{\infty} n^{-s}$$

です．$\zeta$ はギリシア文字で 'ゼータ' とよみます．これは $\mathbf{Z}$ ゼータです．ゼータという名前はリーマンが付けたものですが，

ゼータそのものは第1章でも見たようにオイラーが見つけて研究しはじめたものです。かんたんに書くために積の記号 $\prod$ や和の記号 $\sum$ を使っていますが具体的には

$$\zeta(s) = \frac{1}{1-\frac{1}{2^s}} \times \frac{1}{1-\frac{1}{3^s}} \times \frac{1}{1-\frac{1}{5^s}} \times \frac{1}{1-\frac{1}{7^s}} \times \cdots$$

$$= 1 + \frac{1}{2^s} + \frac{1}{3^s} + \frac{1}{4^s} + \frac{1}{5^s} + \frac{1}{6^s} + \frac{1}{7^s}$$

$$+ \frac{1}{8^s} + \frac{1}{9^s} + \frac{1}{10^s} + \frac{1}{11^s} + \frac{1}{12^s} + \cdots$$

です。ここで

$$\boxed{素数にかんする積} = \boxed{自然数にかんする和}$$

となることは、第1章で見たとおり、素因数分解の一意性を絶妙に表現しています。ゼータには、はじめから、その数論のかなめ(要)となる性質が組み込んであるのが特徴です。

ここで $s=1$ にしたのが、前に出てきた

$$\frac{1}{1-\frac{1}{2}} \times \frac{1}{1-\frac{1}{3}} \times \frac{1}{1-\frac{1}{5}} \times \cdots$$

$$= 1 + \frac{1}{2} + \frac{1}{3} + \frac{1}{4} + \frac{1}{5} + \frac{1}{6} + \cdots = \infty$$

です。

ゼータの不思議なところは $s$ をどんな複素数にしても意味をもつという点です。(数学的には「解析接続可能」と言います。)しかも $s \leftrightarrow 1-s$ という対称性($\zeta(s)$ と $\zeta(1-s)$ の対応関係)をもっています。オイラーの見つけた形(1749年)で表すと次のようになります。

| $\zeta(1-s)$   ☽ 月 | $\zeta(s)$   ☉ 太陽 |
|---|---|
| $\zeta(0) = \text{``}1+1+1+\cdots\text{''}$ $\longleftrightarrow$ $\quad = -\dfrac{1}{2}$ | $\zeta(1) = 1 + \dfrac{1}{2} + \dfrac{1}{3} + \cdots$ $= \infty$ |
| $\zeta(-1) = \text{``}1+2+3+\cdots\text{''}$ $\longleftrightarrow$ $\quad = -\dfrac{1}{12}$ | $\zeta(2) = 1 + \dfrac{1}{4} + \dfrac{1}{9} + \cdots$ $= \dfrac{\pi^2}{6}$ |
| $\zeta(-2) = \text{``}1+4+9+\cdots\text{''}$ $\longleftrightarrow$ $\quad = 0$ | $\zeta(3) = 1 + \dfrac{1}{8} + \dfrac{1}{27} + \cdots$ |
| $\zeta(-3) = \text{``}1+8+27+\cdots\text{''}$ $\longleftrightarrow$ $\quad = \dfrac{1}{120}$ | $\zeta(4) = 1 + \dfrac{1}{16} + \dfrac{1}{81} + \cdots$ $= \dfrac{\pi^4}{90}$ |
| $\vdots$ | $\vdots$ |

これらの値の計算のしかた（とくに左側は不思議に見えますが）は次のところで紹介します．" " はこれからも出てきますが「うまく解釈する」という意味です．

この☽（月）と☉（太陽）の記号はオイラー自身が用いているもので，両方が一度（いっしょ）には見えにくい（片方が収束するともう片方は発散する…）という意味あいを含んでいるようです．うまい比較だと思います．このような反対の性質を持つもの同士の関係を数学では「双対性（そうついせい，duality）」と呼びます．双対性は重要な深い考えであり，ゼータを支えています．$s$ を複素数平面にとって対応 $s \leftrightarrow 1-s$ を図示すると次のようになります：

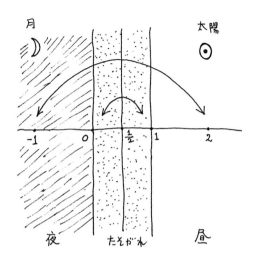

## オイラーによるゼータの計算：☽側

ここでは，オイラーの☽側の計算のしかたを紹介します．まず

$$\zeta(s) = \sum_{n=1}^{\infty} n^{-s} = 1 + 2^{-s} + 3^{-s} + 4^{-s} + 5^{-s} + 6^{-s} + \cdots$$

の代りに符号を付けた

$$\varphi(s) = \sum_{n=1}^{\infty} (-1)^{n-1} n^{-s}$$
$$= 1 - 2^{-s} + 3^{-s} - 4^{-s} + 5^{-s} - 6^{-s} + \cdots$$

を考えます．（$\varphi$ はギリシア文字で'ファイ'とよみます．）

$$\varphi(s) = (1 + 2^{-s} + 3^{-s} + 4^{-s} + 5^{-s} + 6^{-s} + \cdots)$$
$$- 2 \cdot (2^{-s} + 4^{-s} + 6^{-s} + \cdots)$$
$$= (1 + 2^{-s} + 3^{-s} + 4^{-s} + 5^{-s} + 6^{-s} + \cdots)$$
$$- 2 \cdot 2^{-s}(1 + 2^{-s} + 3^{-s} + \cdots)$$
$$= (1 - 2^{1-s})(1 + 2^{-s} + 3^{-s} + \cdots)$$
$$= (1 - 2^{1-s})\zeta(s)$$

となりますので

$$\varphi(0) = -\zeta(0)$$
$$\varphi(-1) = -3\zeta(-1)$$
$$\varphi(-2) = -7\zeta(-2)$$
$$\varphi(-3) = -15\zeta(-3)$$
$$\cdots\cdots$$

が得られます．したがって

$$\text{``}1 + 1 + 1 + \cdots\text{''} = \zeta(0) = -\varphi(0)$$
$$\text{``}1 + 2 + 3 + \cdots\text{''} = \zeta(-1) = -\frac{1}{3}\varphi(-1)$$
$$\text{``}1 + 4 + 9 + \cdots\text{''} = \zeta(-2) = -\frac{1}{7}\varphi(-2) \qquad (1)$$
$$\text{``}1 + 8 + 27 + \cdots\text{''} = \zeta(-3) = -\frac{1}{15}\varphi(-3)$$
$$\cdots\cdots$$

がわかりました．そこで，$\varphi(0)$, $\varphi(-1)$, $\varphi(-2)$, $\cdots$ を計算すればよいわけです．

それには前にもでてきた

(a) $$1 + x + x^2 + x^3 + \cdots = \frac{1}{1-x}$$

を使います.ここで $x = -1$ とおくと

$$"1 - 1 + 1 - 1 + \cdots" = \frac{1}{2}$$

と求まり,この左辺は $\varphi(0)$ に一致します.(1)を用いると

$$\zeta(0) = "1 + 1 + 1 + 1 + \cdots" = -\frac{1}{2}$$

がわかるのです." " が付いていることに注意してください.
さらに(a)の両辺を2乗すると

(b) $$1 + 2x + 3x^2 + 4x^3 + \cdots = \frac{1}{(1-x)^2}$$

が得られます.実際

$$(1 + x + x^2 + x^3 + \cdots)^2$$
$$= (1 + x + x^2 + x^3 + \cdots)(1 + x + x^2 + x^3 + \cdots)$$
$$= 1 + (x \cdot 1 + 1 \cdot x) + (x^2 \cdot 1 + x \cdot x + 1 \cdot x^2)$$
$$\quad + (x^3 \cdot 1 + x^2 \cdot x + x \cdot x^2 + 1 \cdot x^3) + \cdots$$
$$= 1 + 2x + 3x^2 + 4x^3 + \cdots$$

となります.この(b)で $x = -1$ とおくと

$$"1 - 2 + 3 - 4 + \cdots" = \frac{1}{4}$$

となり,この左辺は $\varphi(-1)$ に一致します.(1)を用いると

$$\zeta(-1) = "1 + 2 + 3 + \cdots" = -\frac{1}{12}$$

がわかります．$\varphi(-2), \varphi(-3), \cdots$ も同じようにやればいいのですが，(a), (b) のところは

(c) $\qquad 1 + 4x + 9x^2 + 16x^3 + \cdots = \dfrac{1+x}{(1-x)^3}$

(d) $\qquad 1 + 8x + 27x^2 + 64x^3 + \cdots = \dfrac{1+4x+x^2}{(1-x)^4}$

のようになります．(c) で $x = -1$ とおくと

$$\varphi(-2) = \text{``}1 - 4 + 9 - 16 + \cdots\text{''} = 0$$
$$\zeta(-2) = \text{``}1 + 4 + 9 + 16 + \cdots\text{''} = 0$$

(d) で $x = -1$ とおくと

$$\varphi(-3) = \text{``}1 - 8 + 27 - 64 + \cdots\text{''} = -\dfrac{1}{8}$$
$$\zeta(-3) = \text{``}1 + 8 + 27 + 64 + \cdots\text{''} = \dfrac{1}{120}$$

となることがわかります．なお，(c) や (d) も (a) を 3 乗したり 4 乗したりして得られますが，一般には (a) の式を $x$ について何回も微分していった方がかんたんです．たとえば (b) の式は (a) を $x$ について 1 回微分すれば得られます．

ところで

$$\text{``}1 + 2 + 3 + 4 + \cdots\text{''} = -\dfrac{1}{12}$$

や

$$\text{``}1 + 8 + 27 + 64 + \cdots\text{''} = \dfrac{1}{120}$$

はいったい何を意味しているのでしょうか？　もちろん普通にはどちらも無限大になっているはずです．これらの計算は計

算の達人であるオイラーが 250 年前にやった計算なのですが,とくに "$x=-1$" とおいたところは "あぶない" 計算です(収束していない!).それを解析接続という手法で意味を付けたのはオイラーの 100 年後のリーマンでした.(付録 4 を参照してください.)

なお,これらの値はゼータの特殊値としての解釈ができるだけでなく,自然界にもふつうに現れているのかも知れません.たとえばラモローさんが 1997 年に,量子力学において 50 年間念願とされてきたカシミール効果をアメリカのシアトルにおける実験で確認したときの理論値は実質的に

$$"1+8+27+64+\cdots" = \frac{1}{120}$$

でした.無限大になるところをうまく引き去って(繰り込んで)意味のある有限値を出すことを物理学の言葉で「繰り込み」と言いますが,上記の値はその一例と考えられます.

オイラーの "奇妙な" 計算が出たついでに,オイラーのもっと激しい計算(発散がゼータの場合より激しい!)を紹介しておきます:

$$"1! - 2! + 3! - 4! + 5! - 6! + 7! - \cdots" = 0.4036526378\cdots$$

ここで $n!$ とは $1 \times 2 \times 3 \times \cdots \times n$ のことで $n$ の階乗です.

### オイラーによるゼータの計算:⊙側

オイラーによる ⊙ 側の計算を見ることにしましょう.これには根(解)と係数との関係——ゼータには関係なさそうに見え

るでしょうが——を使いますので，おもいだしておきましょう．

2次方程式の根と係数との関係は

$$x^2 - ax + b = (x-\alpha)(x-\beta) \tag{2}$$

としたとき

$$a = \alpha + \beta$$
$$b = \alpha\beta$$

というものでした．これは(2)の右辺を展開すると

$$x^2 - (\alpha+\beta)x + \alpha\beta$$

となることからわかります．これはもっと高次の場合でも成り立ちます．3次方程式なら

$$x^3 - ax^2 + bx - c = (x-\alpha)(x-\beta)(x-\gamma)$$

とすると

$$a = \alpha + \beta + \gamma$$
$$b = \alpha\beta + \beta\gamma + \gamma\alpha$$
$$c = \alpha\beta\gamma$$

ですし，一般の $n$ 次方程式なら

$$x^n - a_1 x^{n-1} + a_2 x^{n-2} - \cdots + (-1)^n a_n$$
$$= (x-\alpha_1)(x-\alpha_2)\cdots(x-\alpha_n) \tag{3}$$

としたとき

$$a_1 = \alpha_1 + \cdots + \alpha_n$$
$$a_2 = \alpha_1\alpha_2 + \alpha_1\alpha_3 + \cdots = \sum_{i<j} \alpha_i\alpha_j$$
$$\vdots$$
$$a_n = \alpha_1 \times \cdots \times \alpha_n$$

となります．ここで $\sum_{i<j}$ というのは $i<j$ となる $(i,j)$ の組全体（$\dfrac{n^2-n}{2}$ 組ある）についての和を意味しています．この式は

$$1 - a_1 x + \cdots + (-1)^n a_n x^n$$
$$= (1-\alpha_1 x)(1-\alpha_2 x)\cdots(1-\alpha_n x)$$

と書き換えられます．((3)の式の $x$ を $\dfrac{1}{x}$ におきかえて，全体に $x^n$ をかければ，そうなります．)

オイラーは，これを"無限次の多項式"の場合に考えて
$$1 - \frac{x^2}{6} + \frac{x^4}{120} - \cdots$$
$$= \left(1 - \frac{x^2}{\pi^2}\right) \times \left(1 - \frac{x^2}{4\pi^2}\right) \times \left(1 - \frac{x^2}{9\pi^2}\right) \times \cdots \quad (4)$$

を出したのです．くわしくは

$$\sum_{m=0}^{\infty} \frac{(-1)^m x^{2m}}{(2m+1)!} = \prod_{n=1}^{\infty} \left(1 - \frac{x^2}{n^2\pi^2}\right)$$

という等式です．"無限次の多項式"とは

$$\frac{\sin x}{x} = 1 - \frac{x^2}{6} + \frac{x^4}{120} - \cdots$$

です．$\dfrac{\sin x}{x}$ の根（これが $0$ となる $x$ の値）が $\pm\pi, \pm2\pi, \pm3\pi$,

$\pm 4\pi, \cdots$ であることは三角関数の基本的な性質です.（ただし，$\pm \pi, \pm 2\pi, \pm 3\pi, \pm 4\pi, \cdots$ が根であることは三角関数のはじめにすぐ学ぶことですが，他に根がないこと——虚根がないこと——はあまり難しくはありませんが証明しなければならないことです.）

このようにして，根と係数の関係から，式(4)の2次の係数を見ると

$$\frac{1}{6} = \frac{1}{\pi^2} + \frac{1}{4\pi^2} + \frac{1}{9\pi^2} + \cdots$$

となり

$$1 + \frac{1}{4} + \frac{1}{9} + \cdots = \frac{\pi^2}{6}$$

が得られます．同じようにして

$$1 + \frac{1}{16} + \frac{1}{81} + \cdots = \frac{\pi^4}{90}$$

なども，高い次数の係数を見るとわかります．たとえば，4次の係数の比較から

$$\frac{1}{120} = \sum_{m<n} \frac{1}{m^2\pi^2} \cdot \frac{1}{n^2\pi^2}$$

つまり

$$\sum_{m<n} \frac{1}{m^2 n^2} = \frac{\pi^4}{120}$$

が得られますので

$$\sum_{n=1}^{\infty} \frac{1}{n^4} = \left(\sum_{n=1}^{\infty} \frac{1}{n^2}\right)^2 - 2\left(\sum_{m<n} \frac{1}{m^2 n^2}\right)$$
$$= \left(\frac{\pi^2}{6}\right)^2 - 2 \cdot \frac{\pi^4}{120}$$
$$= \frac{\pi^4}{36} - \frac{\pi^4}{60}$$
$$= \frac{\pi^4}{90}$$

などと求まります.

このようにして $\zeta(2), \zeta(4), \zeta(6), \zeta(8), \cdots$ という偶数 $m = 2, 4, 6, 8, \cdots$ における値が求まり

$$\zeta(m) = \pi^m \times (\text{有理数})$$

という形になることもわかります. さらに, この有理数の部分は本質的にはベルヌイ数と呼ばれるものになっています.

ベルヌイ数とは

$$\frac{x}{e^x - 1} = B_0 + B_1 x + \frac{B_2}{2!} x^2 + \frac{B_3}{3!} x^3 + \cdots$$
$$= \sum_{n=0}^{\infty} \frac{B_n}{n!} x^n$$

と展開して得られる有理数 $B_n$ です:

$$B_0 = 1, \quad B_1 = -\frac{1}{2}, \quad B_2 = \frac{1}{6},$$
$$B_3 = 0, \quad B_4 = -\frac{1}{30}, \quad B_5 = 0,$$
$$B_6 = \frac{1}{42}, \quad B_7 = 0, \quad B_8 = -\frac{1}{30},$$
$$\cdots.$$

オイラーは $m = 2, 4, 6, 8, \cdots$ に対して

$$\zeta(m) = (-1)^{\frac{m}{2}+1}\frac{2^{m-1}B_m}{m!}\pi^m$$

を示したのです(1735年). 一方, 前に計算した $\zeta(0)$, $\zeta(-1)$, $\zeta(-2)$, $\zeta(-3)$, $\cdots$ はすべて有理数となるのですが, $m = 1, 2, 3, 4, 5, \cdots$ のときに

$$\zeta(1-m) = (-1)^{m-1}\frac{B_m}{m}$$

とかんたんに書けることをオイラーは発見しました(1749年). とくに負の偶数での値 $\zeta(-2), \zeta(-4), \zeta(-6), \cdots$ はすべて 0 です.

このようにして $m = 2, 4, 6, 8, \cdots$ のとき $\zeta(m)$ と $\zeta(1-m)$ の式を比較してオイラーは

$$\zeta(1-m) = \pi^{-m}2^{1-m}(m-1)!\cos\left(\frac{\pi m}{2}\right)\zeta(m)$$

という関係式に至ったのでした. (この等式は $m = 1, 3, 5, 7, \cdots$ に対しても成り立ちます.)

さて, $\zeta(3)$ の値はわからない, とよく言われます. 1979年にアペリーというフランス人が $\zeta(3)$ が無理数であることを証明して「オイラーが見逃したものを発見した」と話題になりました. 実は, オイラーは $\zeta(3)$ の表示式を見つけていたのですが, あまり知られていないようです. それは1772年のことで

$$1 + \frac{1}{3^3} + \frac{1}{5^3} + \frac{1}{7^3} + \cdots = \frac{\pi^2}{4}\log 2 + 2\int_0^{\frac{\pi}{2}} x\log(\sin x)dx$$

という式を出しています(全集 I-15巻, p.150). 左辺は

$$\left(1 + \frac{1}{2^3} + \frac{1}{3^3} + \frac{1}{4^3} + \frac{1}{5^3} + \frac{1}{6^3} + \frac{1}{7^3} + \cdots\right)$$
$$-\left(\frac{1}{2^3} + \frac{1}{4^3} + \frac{1}{6^3} + \cdots\right)$$
$$= \left(1 + \frac{1}{2^3} + \frac{1}{3^3} + \frac{1}{4^3} + \frac{1}{5^3} + \frac{1}{6^3} + \frac{1}{7^3} + \cdots\right)$$
$$\quad - \frac{1}{2^3}\left(1 + \frac{1}{2^3} + \frac{1}{3^3} + \cdots\right)$$
$$= \left(1 - \frac{1}{2^3}\right)\zeta(3)$$
$$= \frac{7}{8}\zeta(3)$$

ですから，オイラーは

$$\boxed{\zeta(3) = \frac{2\pi^2}{7}\log 2 + \frac{16}{7}\int_0^{\frac{\pi}{2}} x\log(\sin x)dx}$$

という結果を示したことになります．(証明は付録 3 を見てください.)

ところで，このように見てきますと，オイラーは

(1) ゼータのオイラー積表示(素数の積への分解)

(2) ゼータの特殊値表示($s$ が整数のときの $\zeta(s)$ の値)

(3) ゼータの関数等式($\zeta(s) \leftrightarrow \zeta(1-s)$)

というゼータの三大性質をすべて一人で発見してしまったわけで，驚きます．現在に至るゼータの研究は，このオイラーの発見から出発しています．

### リーマンの研究

オイラーの少しあぶなくも見える計算をひきついだのは約100年後のリーマンでした．(偶然でしょうが，オイラーの亡くなった日の9月18日とリーマンの誕生日の9月17日は隣り同士です．) リーマンはすべての複素数 $s$ に対して $\zeta(s)$ が意味をもつことを証明し，関数等式 $\zeta(s) \leftrightarrow \zeta(1-s)$ もきちんと証明したのです．(付録4を参照してください．) その結果，$\zeta(s) = 0$ の根(零点と呼ばれる)には

$$s = -2, -4, -6, -8, \cdots$$

というオイラーの見つけていた負の偶数の他に，無限個の虚根 $\rho_1, 1-\rho_1, \rho_2, 1-\rho_2, \cdots$ があることがわかりました．オイラーが見ていなかったのは，この虚根です．

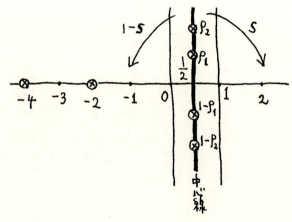

⊗：零点    $\rho_1 = \frac{1}{2} + i(14.1347\cdots)$    $\rho_2 = \frac{1}{2} + i(21.0220\cdots)$

リーマン予想はこれらの虚根がすべて実数部分が $\frac{1}{2}$ という直線上にあるのではないか，という予想で，1859 年に提出されて以来 150 年近い現在まで未解決です．数学における最大の難問と言われていて数多くの人が挑戦してきましたが，その神秘は解明されていません．もうそろそろ解かれてもよい時期なのかも知れません．

ふりかえってみますと，自然数を分解しつくして素数がでてきて，それらをまとめあげてゼータに至りました．ゼータの美しさは $s \leftrightarrow 1-s$ という左右対称性を示す関数等式に表れていますが，リーマン予想は，さらにその上に，本質的零点とい

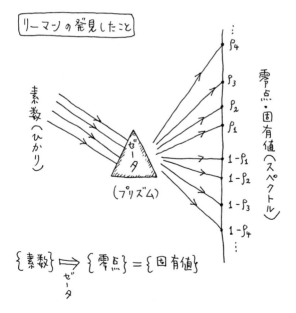

う大事なものはすべてその中心線 $\text{Re}(s)=\dfrac{1}{2}$ 上にのっていて「ゼータは究極的に美しい」ということを言っているのです. これは $\{2,3,5,7,\cdots\}$ という素数全体の空間が究極的に美しいということを意味していると考えられます. 天使のようなその姿を見られるのはいつなのでしょうか？

リーマン予想を解こうとする願いが素数解明の夢, ゼータ統一の夢, 絶対数学の夢を深めて来ました. この三つの夢の関係はリーマンの素数公式で結びついています. 素数解明の夢の基本的な問題は素数の個数関数 $\pi(x)$ を求めることでした. リーマンの素数公式は第 1 章にも書きましたが次の公式です:

$$\pi(x) = \sum_{m=1}^{\infty} \frac{\mu(m)}{m} \Big( \text{Li}(x^{\frac{1}{m}}) \quad - \quad \sum_{\rho} \text{Li}(x^{\frac{\rho}{m}})$$

　　　　　　　　　　　↑　　　　　　　　　↑
　　　　　　　"$s=1$ という極から"　"$s=\rho$ という虚根から"

$$+ \int_{x^{\frac{1}{m}}}^{\infty} \frac{dt}{(t^2-1)t\log t} - \log 2 \Big).$$

　　　　　　　　　　　　↑
　　　　"$s=-2,-4,\cdots$ という実根から"

ここで,

$$\mu(m) = \begin{cases} +1 & \cdots\ m\text{ が偶数個の異なる素数の積のとき} \\ & \quad (m=1\text{ も含める}) \\ -1 & \cdots\ m\text{ が奇数個の異なる素数の積のとき} \\ 0 & \cdots\ \text{その他のとき} \\ & \quad (\text{つまり, ある素数の 2 乗で割れるとき}) \end{cases}$$

はメビウスの関数(メビウス曲面を発見したメビウス)で

$$\mathrm{Li}(x) = \int_0^x \frac{dt}{\log t} \sim \frac{x}{\log x}$$

は対数積分と呼ばれる関数であり，$\rho$ は $\zeta(s)$ のすべての虚根を動きます．（$\mu$ はギリシア文字で'ミュー'とよみます．）リーマンの素数公式は $\zeta(s)$ の値が $0$ になるところ（零点：$s=\rho$ や $s=-2m$ の形で無限個ある）と $\infty$ になるところ（極：$s=1$ のみ）がわかると素数がわかってしまう，という驚くべき公式です．

このようにして

$$\{素数全体\} \longleftrightarrow \{ゼータの零点全体\}$$

という関係で素数の夢がゼータの夢に移って行きます．さらに，ゼータの零点をはっきり求めるためにある行列の固有値とみなす

$$\{ゼータの零点全体\} \longleftrightarrow \{ある固有値全体\}$$

という関係でゼータの夢が絶対数学の夢に移って行くのです．それは，星の彼方にある見果てぬ夢なのかも知れませんが….

◀コラム▶

# リーマン予想

リーマンがリーマン予想について大量の計算をし深く研究していたことは間違いないのですが,ノートは断片しか残っていず,その到達点は歴史の闇に埋れています.それでも,残されたリーマンの計算にヒントが隠されているかも知れません.ちょっと見ておきましょう.

ゼータを使うと

$$"1+2+3+\cdots" = -\frac{1}{12} \quad (\text{オイラー } 1749 \text{ 年})$$

がわかりましたが,

$$"1 \times 2 \times 3 \times \cdots" = \sqrt{2\pi} \quad (\text{リーマン } 1859 \text{ 年})$$

もゼータを使うとわかります.これらはゼータで聴きとった自然(天)のメロディーと言えるでしょう.

積の方はリーマンの計算結果($\zeta(s)$ の関数等式 $\zeta(s) \leftrightarrow \zeta(1-s)$ から出る)

$$\zeta'(0) = -\log(\sqrt{2\pi})$$

を言いかえたものです.(付録4を見てください.)これは

$$\zeta(s) = 1^{-s} + 2^{-s} + 3^{-s} + \cdots$$

を微分すると

$$\zeta'(s) = -(1^{-s}\log 1 + 2^{-s}\log 2 + 3^{-s}\log 3 + \cdots)$$

となりますので，形式的には

$$\zeta'(0) = -(\log 1 + \log 2 + \log 3 + \cdots)$$
$$= -\log(\text{``}1 \times 2 \times 3 \times \cdots\text{''}),$$

つまり

$$\text{``}1 \times 2 \times 3 \times \cdots\text{''} = e^{-\zeta'(0)} = \sqrt{2\pi}$$

となることからわかります．

このリーマンの計算は

$$\sum_{\rho} \frac{1}{\rho} = 0.023095708966121 03381 \cdots$$

という $\zeta(s)$ の虚の零点 $\rho$ の逆数の和にかんする計算に関連して得られたものです．自らのリーマン予想についても最初の零点の位置が

$$\rho_1 = \frac{1}{2} + i(14.14 \cdots)$$

などと，ちゃんと実数部分が $\frac{1}{2}$ になることを手計算していました．リーマンもオイラーやガウスと同じように計算を生きがいとしていた人でした．リーマンの遺された計算用紙には $\sqrt{5}$ の計算が

$$\sqrt{5} \fallingdotseq \frac{1}{17} + \frac{13}{19} + \frac{80}{107} + \frac{10}{27} + \frac{7}{8}$$
$$= (0.058823529 \cdots) + (0.684210526 \cdots)$$
$$+ (0.747663551 \cdots) + (0.370370370 \cdots)$$
$$+ (0.375000000 \cdots)$$
$$= 2.236067977 \cdots$$

のように何ケタも計算してあったりします．これは趣味でやっているとしかおもえません．と同時に，リーマンには宇宙——それも物質界と霊界という言葉を使って——の根源に思いふける一面もありました．リーマンには魅力的な謎がたくさんあります．リーマンはリーマン空間を研究し，アインシュタイン(1879年3月14日〜1955年4月18日)の相対性理論の数学的基礎を用意しておいたことでも有名です．

# 3

# ラマヌジャンという天才

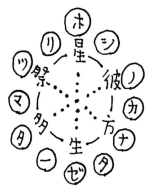

### ラマヌジャンの発見

南インド生れの数学者ラマヌジャン(1887年12月22日~1920年4月26日)によって2次のゼータが発見されました. それまでは

$$\zeta(s) = \prod_{p:素数}(1-p^{-s})^{-1}$$

のようにオイラー積の中身が $p^{-s}$ の1次式のゼータだけだったのです.（2次のゼータとは $p^{-s}$ の2次式が現れるゼータです.）

ラマヌジャンは1916年に $q$ に関する無限積をべき級数に展開した式

$$\Delta = q\prod_{n=1}^{\infty}(1-q^n)^{24} = \sum_{n=1}^{\infty}\tau(n)q^n$$

を考え，その係数 $\tau(n)$ を計算しました（$\Delta, \tau$ はギリシア文字で'デルタ', 'タウ'とよみます）:

$\tau(1)=1, \quad \tau(2)=-24, \quad \tau(3)=252, \quad \tau(4)=-1472,$

$\tau(5)=4830, \quad \tau(6)=-6048, \quad \tau(7)=-16744,$

$\tau(8)=84480, \quad \tau(9)=-113643, \quad \tau(10)=-115920, \quad \cdots$

少しやってみましょう:

$$\begin{aligned}\Delta &= q(1-q)^{24}(1-q^2)^{24}(1-q^3)^{24}\cdots \\ &= q(1-{}_{24}C_1 q + {}_{24}C_2 q^2 - \cdots)(1-{}_{24}C_1 q^2 + \cdots)\cdots \\ &= q(1-24q+276q^2-\cdots)(1-24q^2+\cdots)\cdots\end{aligned}$$

$$= q(1 - 24q + (276 - 24)q^2 + \cdots) \cdots$$
$$= q - 24q^2 + 252q^3 + \cdots$$

となりますので，$\tau(1)=1, \tau(2)=-24, \tau(3)=252$ がわかります．ただし

$$_n\mathrm{C}_k = \frac{n!}{k!(n-k)!}$$

は2項係数です．

この $\Delta$ は保型形式（重さ 12）と呼ばれるものになっています．ラマヌジャンはそのゼータ

$$L(s, \Delta) = \sum_{n=1}^{\infty} \tau(n) n^{-s}$$

を考え，二つの予想をたてました：

① $\displaystyle\sum_{n=1}^{\infty} \tau(n) n^{-s} = \prod_{p:\text{素数}} (1 - \tau(p) p^{-s} + p^{11-2s})^{-1}$.

② $p$ が素数のとき $|\tau(p)| < 2p^{\frac{11}{2}}$.

この①は次の (1a)+(1b) と同値です：

$\begin{cases} \text{(1a)} \quad \tau(n) \text{ は乗法的}(m, n \text{ が共通素因子をもたないなら} \\ \qquad \tau(mn) = \tau(m)\tau(n)) \\ \text{(1b)} \quad p \text{ が素数のとき } l=1, 2, 3, \cdots \text{ に対して漸化式} \\ \qquad \tau(p^{l+1}) = \tau(p)\tau(p^l) - p^{11}\tau(p^{l-1}) \\ \qquad \text{をみたす．} \end{cases}$

たとえば (1a) は $\tau(6) = \tau(2)\tau(3), \tau(10) = \tau(2)\tau(5)$ など，(1b) は $\tau(4) = \tau(2)^2 - 2^{11}, \tau(8) = \tau(2)\tau(4) - 2^{11}\tau(2)$ などですが，

$\tau(2) \sim \tau(8)$ の値をつかうと確かめるのは難しくありません.
もちろん,そのような事実を見つけるのはとても難しいことです. ラマヌジャンは

$$"1+2+3+\cdots" = -\frac{1}{12}$$

も一人で発見したほどの計算の名人でした.(しかし,そのような "奇妙な式" はまわりの人に理解されず,ラマヌジャンは苦しかったのです.)

この予想のうち①は翌年(1917年)にモーデルによって作用素 $T(p)$ を用いて証明されたのですが,②の証明には時間がかかり,その解決へ向けての努力は 20 世紀の数学を変身させました. その結果, 60 年近く経った後の 1974 年になって,ドリーニュがついに②を証明しました. それは,グロタンディーク(1928 年 3 月 28 日生れ)による 1955 年から 1970 年にかけての膨大な(論文は 1 万ページに近い!)空間概念の革新——スキーム論——の上に②をリーマン予想の類似物("合同ゼータ"に対するもの)に結びつけること($\frac{11}{2}$ はリーマン予想に現れる $\frac{1}{2}$ をずらしたもの)により成し遂げられた記念碑です. グロタンディークのスキーム論についてはあとで少し触れることになると思いますが,ここでひとことだけ言っておきますと,グロタンディークは素数全体

$$\{2, 3, 5, 7, 11, 13, 17, \cdots\}$$

をちゃんとした空間として取り扱えるようにしたのです. これは 2500 年にわたる素数解明の夢にとって実現への大きな歩み

を与えるものです．その結果，ドリーニュによってリーマン予想の類似も解け，さらにはワイルズによってフェルマー予想も解けることになったのです．

さて，①によって

$$L(s, \Delta) = \prod_p (1 - \tau(p)p^{-s} + p^{11-2s})^{-1} = \prod_p L_p(s, \Delta)$$

は各因子 $L_p(s, \Delta)$ の分母が $p^{-s}$ の 2 次式となる，2 次のゼータであることが判明します．これが歴史上最初の 2 次のゼータです．なお，②の証明に関連して

②は $1 - \tau(p)x + p^{11}x^2$ の虚根条件

(判別式 $= \tau(p)^2 - 4p^{11} < 0$)

となっていることに注意しましょう．これは

$$1 - \tau(p)p^{-s} + p^{11-2s} = 0 \implies \mathrm{Re}(s) = \frac{11}{2}$$

ということに他なりません．つまり，ゼータ $L(s, \Delta)$ の各因子 $L_p(s, \Delta)$ がリーマン予想の類似 "$L(s, \Delta)$ の局所リーマン予想" をみたす，ということになります．これに対して，$L(s, \Delta)$ に対する本来のリーマン予想としては「その本質的な零点はすべて実部が 6 になる」という "$L(s, \Delta)$ の大局リーマン予想" が考えられますが，こちらのほうは $\zeta(s)$ のリーマン予想と同様に難しくて未だ証明されていません．$L(s, \Delta)$ の関数等式 $s \leftrightarrow 12-s$ や実部が 6 になる零点が無限個あることはウィルトン(1929 年)により証明されています．保型形式のゼータ理論はヘッケ(1937 年)がまとめました．

このようにして

$$\tau(p) = 2p^{\frac{11}{2}} \cos(\theta_p)$$

となる $0 \leq \theta_p \leq \pi$ がただ一つにとれます．虚根となっているのは

$$1 - \tau(p)x + p^{11}x^2 = (1 - p^{\frac{11}{2}} e^{i\theta_p} x)(1 - p^{\frac{11}{2}} e^{-i\theta_p} x)$$

から見られます．この $\theta_p$ は $p$ の様子を見る「2次のひたし方」(ゼータは"素数をまとめあげたもの"ですのでゼータごとに"素数のひたし方"が対応しています)を与えていると考えられます．この場合の"素数定理"としては次の佐藤予想(1962年末頃に佐藤幹夫さんが予想)があります：

---

**佐藤予想** $0 \leq \alpha < \beta \leq \pi$ に対して

$$\lim_{x \to \infty} \frac{[x \text{以下の素数} p \text{で} \alpha \leq \theta_p \leq \beta \text{となるものの個数}]}{\pi(x)}$$
$$= \frac{2}{\pi} \int_\alpha^\beta (\sin \theta)^2 d\theta.$$

---

これは $\theta_p$ は $\frac{\pi}{2}$ あたりに多く分布することを予想しています(次ページの図)．

佐藤予想は「ゼータ統一の夢」の中で証明されると信じられていますが，現在でも，上記の形の佐藤予想は未解決であり，その証明には大きな困難を伴うと思われています．フェルマー予想の証明よりも難しいことは確実と考えられています．

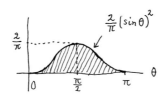

ところが，驚くべきことに，今年(2006年)になってこの佐藤予想の方面に画期的な前進が得られました．それは，ここで述べた佐藤予想そのものの証明ではないものの，楕円曲線版(佐藤-テイト予想とも呼ばれる)をハーバード大学教授のリチャード・テイラーさんが解決したという成果です．論文は2006年4月1日に発表されています．その証明は「楕円曲線$E$に付随するゼータ関数の族$L_m(s, E)$ $(m=0,1,2,\cdots)$がすべて良い性質を持つ」ということを示すところに要点があります．これに対して，フェルマー予想の証明が「$L_1(s, E) = L(s, E)$は良い性質を持つ」(谷山予想と呼ばれていた)ということから1995年にテイラーさんの師アンドリュー・ワイルズさんによって成されたことと比較すれば困難のほどがわかるでしょう．("佐藤予想はフェルマー予想より無限に難しい"と言えるでしょう．)

ワイルズさんの証明が最後の1年半ほどの間行き詰まってしまっていたときに援けたのがテイラーさんでした．フェルマー予想の証明の論文(ワイルズさんの単著)にはテイラーさんとワイルズさんの共著論文が付いています．そこにワイルズさんの行き詰まりを解決した鍵があったのですが，今回のテイラーさんの方法は，そのときに$L_1(s, E)$を扱った方法を

$L_m(s, E)$ ($m = 2, 3, 4, 5, 6, 7, \cdots$) にも拡張するというものです. 気の遠くなるような難しさですが, やり遂げました.

さて, 先に述べたように, 佐藤予想そのものは, まだ解かれていないのですが, このときに何をすればよいのかは書きやすいので書いておきましょう. (なお, 楕円曲線のときも, ほとんど同じ作り方です.) ラマヌジャンの $\Delta$ に対して

$$L(s, \Delta) = \prod_p ((1 - p^{\frac{11}{2}} e^{i\theta_p} p^{-s})(1 - p^{\frac{11}{2}} e^{-i\theta_p} p^{-s}))^{-1}$$

となっていました. そこで,

$L_m(s, \Delta)$
$= \prod_p ((1 - (p^{\frac{11}{2}} e^{i\theta_p})^m p^{-s})(1 - (p^{\frac{11}{2}} e^{i\theta_p})^{m-1} (p^{\frac{11}{2}} e^{-i\theta_p}) p^{-s})$
$\cdots (1 - (p^{\frac{11}{2}} e^{i\theta_p})(p^{\frac{11}{2}} e^{-i\theta_p})^{m-1} p^{-s})(1 - (p^{\frac{11}{2}} e^{-i\theta_p})^m p^{-s}))^{-1}$

とおきます. ここで,

$$L_0(s, \Delta) = \zeta(s),$$
$$L_1(s, \Delta) = L(s, \Delta)$$

です. 今までに, $L_2(s, \Delta)$ (ランキン, セルバーグ, 志村: 1970年代), $L_3(s, \Delta)$ (ギャレット: 1980年代) までは良いものであることが知られています. 佐藤予想を証明するために残っている問題は

「$L_m(s, \Delta)$ ($m = 4, 5, 6, 7, \cdots$) がすべて良い性質を持つ」

ということを証明することです.

それは,

オイラー, リーマン $\zeta(s)$
$\implies$ ラマヌジャン $L(s,\Delta)$
$\implies$ ランキン, セルバーグ, 志村 $L_2(s,\Delta)$
$\implies$ ギャレット $L_3(s,\Delta)$

と来たゼータ・バトンを無限へとつなぐ仕事です.

楕円曲線に対しては,それをテイラーさんが成し遂げたのでした.ラマヌジャンの $\Delta$ に対しては誰が完成するでしょうか? 読者の挑戦に期待しています.

### ラマヌジャンの好きだったもの

ラマヌジャンは南インドのふるさとにいるときから緑のインクのペンで数学のノートをつけていました.そのノートは誰も見たことのないような数式でうまっていたのですが,ラマヌジャンによるとそれらの内容はナマギーリ女神が教えてくださったものだそうです.ラマヌジャンはナマギーリ女神を全面的に信頼していました.

ラマヌジャンの残されたノート(自筆ノートのファクシミリ版が出版されています)を見ると次のような等式が何度も出てきます:

(1) $\displaystyle\sum_{n=1}^{\infty}\frac{n}{e^{2\pi n}-1}=\frac{1}{24}-\frac{1}{8\pi}$.

(2) $\displaystyle\sum_{n=1}^{\infty}\frac{n^3}{e^{2\pi n}-1}=\frac{1}{80}\left(\frac{\varpi}{\pi}\right)^4-\frac{1}{240}$.

(3) $\displaystyle\sum_{n=1}^{\infty}\frac{n^5}{e^{2\pi n}-1}=\frac{1}{504}$.

これは (3)→(1)→(2) の順により難しくなっています. (3)

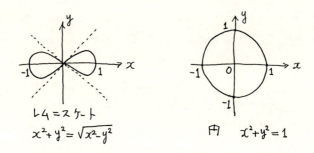

と(1)はアイゼンシュタイン級数と呼ばれる保型形式(重さ6と重さ2)を使うと証明できます．(2)は重さ4の場合になっていて難しくラマヌジャンの$\Delta$などを活用することになります．ここにでてくる$\varpi$はレムニスケート$x^2+y^2=\sqrt{x^2-y^2}$(極座標表示では$r^2=\cos(2\theta)$)の"円周率"

$$\varpi = 2\int_0^1 \frac{dr}{\sqrt{1-r^4}} = 2.622057\cdots$$

です．レムニスケートの周長は$2\varpi$となります．（極座標表示にすると計算しやすい.）この$\varpi$はガウスが200年前に通常の円周率

$$\pi = 2\int_0^1 \frac{dx}{\sqrt{1-x^2}} = 3.141592\cdots$$

(円の周長は$2\pi$)の類似として研究したものです．ガンマ関数(付録4)によって

$$\varpi = \Gamma\left(\frac{1}{4}\right)^2 2^{-\frac{3}{2}} \pi^{-\frac{1}{2}}$$

と書けます．

### ラヌジャンの $\tau(n)$ についてのさまざまな公式

ラヌジャンの $\tau(n)$ は数学の中心に位置しているように見えます。いろいろな流れが $\tau(n)$ にそそぎこんでは出ていっています。いくつかあげてみましょう。

(A) $\quad \tau(n) = \sigma_{11}(n) - \dfrac{691}{756}\Big(\sigma_{11}(n) - \sigma_5(n) + 252 \sum_{m=1}^{n-1} \sigma_5(m)\sigma_5(n-m)\Big).$

[ただし, $\sigma_k(n) = \sum_{d|n} d^k$ は $n$ の約数の $k$ 乗の和です。]

これはラヌジャンが 1916 年に見つけた公式であり、それから合同式

$$\tau(n) \equiv \sigma_{11}(n) \mod 691$$

[$\tau(n) - \sigma_{11}(n)$ は素数 691 で割り切れるということ]

がでます。$n$ が素数 $p$ であるときを考えると

$$\tau(p) \equiv 1 + p^{11} \mod 691$$

です。

(B) $\quad \tau(n) = \displaystyle\sum_{\substack{(a,b,c,d,e) \in \mathbf{Z}^5 \\ (a,b,c,d,e) \equiv (1,2,3,4,5) \mod 5 \\ a+b+c+d+e = 0 \\ a^2+b^2+c^2+d^2+e^2 = 10n}}$

$$\dfrac{(a-b)(a-c)(a-d)(a-e)(b-c)(b-d)(b-e)(c-d)(c-e)(d-e)}{1!\,2!\,3!\,4!}$$

これは物理学者のダイソンが 1968 年に発見した式です。簡明さに驚きます。この和は有限和であり、たとえば $\tau(1)$ なら $(a,b,c,d,e)$ は $(1,2,-2,-1,0)$ だけです。ダイソンは量子力学や宇宙論の研究で有名ですが学生の頃はハーディの講義に

出席して数論を研究していた人で——ハーディはラマヌジャンの共同研究者です——この式も趣味として見つけだしたものです.『ラマヌジャン論文集』の愛好家でもあります. ダイソンはオイラーの五角数公式(発見は 1741 年, 証明は 1750 年; これが保型形式論のはじまり)

$$\prod_{n=1}^{\infty}(1-q^n) = \sum_{m=-\infty}^{\infty}(-1)^m q^{\frac{3m^2-m}{2}}$$

の拡張(24 乗版)という方向で考えました. [$\frac{3m^2-m}{2}$ は $m=1,2,3,\cdots$ のとき $1,5,12,\cdots$ となるピタゴラスの五角数です.] ダイソンの見つけた式は 1970 年代になってマクドナルドやカッツなどたくさんの数学者によって無限次元リー環の表現論から解明され現在も活発に研究されている分野になっています.

(C) $\quad \tau(n) = - \sum_{0 \leq m < 2\sqrt{n}}' H(4n-m^2)\frac{\eta_m^{11}-\bar{\eta}_m^{11}}{\eta_m - \bar{\eta}_m}$

$\qquad\qquad - \sum_{\substack{d|n \\ d \leq \sqrt{n}}}' d^{11} + \frac{11}{12}\delta(\sqrt{n})n^5.$

[ただし, $\delta(\sqrt{n})$ は $n$ が平方数のとき 1 で他は 0, $\sum'$ は $m=0$ や $d=\sqrt{n}$ のところは重み $\frac{1}{2}$ をかけることを意味し,

$$\eta_m = \frac{m+i\sqrt{4n-m^2}}{2}$$

で, $H(d)$ は判別式 $-d\ (<0)$ の 2 次形式の類数(重み付き).]

これは, セルバーグが 1952 年頃にセルバーグ跡公式として発見した式です. ラマヌジャンの予想②の証明には, この式がスキーム論的解釈に結びつけるために使われます. セルバーグも『ラマヌジャン論文集』の愛好家です.

**有限の世界 $\mathbf{F}_p$**

素数 $p$ に対して

$$\mathbf{F}_p = \{0, 1, \cdots, p-1\}$$

とおきます.いま,これしか数がなかったと考えてみましょう.たし算やかけ算ができるとうれしいのですが….

それは可能です.ふつうの整数の計算をして $p$ で割った余りをとればよいのです.「$a - b$ は $c$ の倍数」を表す記号「$a \equiv b \mod c$」を用いると,$a$ を $\mathbf{F}_p$ の中で見るということは $a \mod p$ ととればよいことになります.たとえば

$$\mathbf{F}_7 = \{0, 1, 2, 3, 4, 5, 6\}$$

のときは

$$3 + 0 = 3 \quad 3 \times 0 = 0$$
$$3 + 1 = 4 \quad 3 \times 1 = 3$$
$$3 + 2 = 5 \quad 3 \times 2 = 6$$
$$3 + 3 = 6 \quad 3 \times 3 = 2$$
$$3 + 4 = 0 \quad 3 \times 4 = 5$$
$$3 + 5 = 1 \quad 3 \times 5 = 1$$
$$3 + 6 = 2 \quad 3 \times 6 = 4$$

です.同じようにひき算や,0 でない数によるわり算もできます.$\mathbf{F}_7$ の例では

$$3 - 0 = 3$$

$$3 - 1 = 2 \quad 3 \div 1 = 3$$

$$3 - 2 = 1 \quad 3 \div 2 = 5$$

$$3 - 3 = 0 \quad 3 \div 3 = 1$$

$$3 - 4 = 6 \quad 3 \div 4 = 6$$

$$3 - 5 = 5 \quad 3 \div 5 = 2$$

$$3 - 6 = 4 \quad 3 \div 6 = 4$$

となります.

わり算以外は何でもありませんが,わり算のときにはちゃんと証明しておかないと不安です.いま,$a, b \in \mathbf{F}_p - \{0\} = \{1, \cdots, p-1\}$ に対して

$$a \div b = c$$

となる $c \in \mathbf{F}_p - \{0\}$ がただ一つにとれることを見ておきましょう.これには

$$b, \ 2b, \ 3b, \ \cdots, \ (p-1)b$$

を考えます.ただし,すべて $p$ で割った余りを見ています.すると,これは全体として $1, 2, 3, \cdots, p-1$ と同じ($1, 2, 3, \cdots, p-1$ の並べかえ)になっていることがわかります.(たとえば $p=7, b=3$ のときは $3, 2\times 3, 3\times 3, 4\times 3, 5\times 3, 6\times 3$ は mod 7 でみると,$3, 6, 2, 5, 1, 4$ となっていて $1, 2, 3, 4, 5, 6$ の並べかえです.) というのは $k, l = 1, \cdots, p-1$ で $k < l$ のとき $kb$ と $lb$ は

$\mathbf{F}_p$ の中では相異なっているからです：

$$kb \not\equiv lb \mod p.$$

なぜなら，$lb - kb = (l-k)b$ は $b$ も $l-k$ もともに $1, \cdots, p-1$ であり $p$ の倍数ではありません．したがって $b, 2b, 3b, \cdots, (p-1)b \mod p$ の中にただ一つだけ $a$ となるものがあり，$kb = a$ となったとすると $a \div b = k$ と求まります．

今の話から

$$b \times 2b \times \cdots \times (p-1)b \equiv 1 \times 2 \times \cdots \times (p-1) \mod p$$

ともなります．したがって

$$(p-1)!\, b^{p-1} \equiv (p-1)! \mod p$$

ですから

$$b^{p-1} \equiv 1 \mod p$$

となります．これをフェルマーの小定理と言います．（フェルマー予想は"フェルマーの大定理"とも呼ばれます．）$b = 0$ のときも入れるには

$$b^p \equiv b \mod p$$

の形にしておけば大丈夫です．

素数 $p$ に対して，$p$ 個の元からなる有限体 $\mathbf{F}_p$（体というのは，たし算，かけ算，ひき算，わり算，という四則演算ができる数の集まりのこと）や $p^n$ 個の元からなる有限体 $\mathbf{F}_{p^n}$ はガロ

ア(1811年10月25日～1832年5月31日)が1830年頃に発見しました．このような有限の世界にもゼータ($\mathbf{F}_p$ ゼータ)があります．例で考えましょう．いま，方程式

$$E: \quad y^2 - y = x^3 - x^2$$

をとります．(この"曲線"は楕円曲線と呼ばれるものの一つです．「楕円曲線」という名前は楕円の周長の研究に関連していることから付けられたもので，楕円そのものではありません．) この方程式を $\mathbf{F}_p$ で考え，その解の個数を $N_p$ として

$$a(p) = p - N_p$$

とおきます．

 たとえば $p = 2, 3, 5, 7$ のときは右ページの表のようになっています．解のところを○，そうでないところを×にします．このようにして $a(p)$ が計算できたときに

$$L_p(s, E) = \begin{cases} (1 - a(p)p^{-s} + p^{1-2s})^{-1} & \cdots \quad p \neq 11 \\ (1 - a(11)11^{-s})^{-1} & \cdots \quad p = 11 \end{cases}$$

を $E \bmod p$ のゼータといいます．$p = 11$ がちょっと異なっているのは $E \bmod 11$ だけが異様(楕円曲線でなくなる)なためです．なお，$a(11) = 1$ です．少し計算してみると

$$a(p) \equiv 1 + p \mod 5$$

が推測できるかも知れません．これにはラマヌジャンの発見した合同式

| $y$ \ $x$ | 0 | 1 |
|---|---|---|
| 0 | ○ | ○ |
| 1 | ○ | ○ |

$p = 2 : N_2 = 4$

$\boxed{a(2) = -2}$

| $y$ \ $x$ | 0 | 1 | 2 |
|---|---|---|---|
| 0 | ○ | ○ | × |
| 1 | ○ | ○ | × |
| 2 | × | × | × |

$p = 3 : N_3 = 4$

$\boxed{a(3) = -1}$

| $y$ \ $x$ | 0 | 1 | 2 | 3 | 4 |
|---|---|---|---|---|---|
| 0 | ○ | ○ | × | × | × |
| 1 | ○ | ○ | × | × | × |
| 2 | × | × | × | × | × |
| 3 | × | × | × | × | × |
| 4 | × | × | × | × | × |

$p = 5 : N_5 = 4$

$\boxed{a(5) = 1}$

| $y$ \ $x$ | 0 | 1 | 2 | 3 | 4 | 5 | 6 |
|---|---|---|---|---|---|---|---|
| 0 | ○ | ○ | × | × | × | × | × |
| 1 | ○ | ○ | × | × | × | × | × |
| 2 | × | × | × | × | × | × | × |
| 3 | × | × | × | × | × | × | × |
| 4 | × | × | × | × | × | × | × |
| 5 | × | × | × | × | × | × | × |
| 6 | × | × | × | × | × | × | × |

$p = 7 : N_7 = 4$

$\boxed{a(7) = 3}$

$$\tau(p) \equiv 1 + p^{11} \mod 691$$

と同じ背景があります．さらに，驚くべきことには

$$|a(p)| < 2p^{\frac{1}{2}}$$

という，ラマヌジャンの予想の②

$$|\tau(p)| < 2p^{\frac{11}{2}}$$

の対応物が成り立っています．これは $L_p(s, E)$ に対してリーマン予想の類似

$$1 - a(p)p^{-s} + p^{1-2s} = 0 \implies \mathrm{Re}(s) = \frac{1}{2}$$

が成り立つことに他なりませんが，この場合は曲線(1次元)なのでラマヌジャンの場合(実は11次元の場合です)よりやさしくて，1933年にハッセによって証明されています．

有限世界におけるゼータはドイツの数学者コルンブルム(1890年8月23日~1914年10月)によって，はじめて研究されたものです．残念ながらコルンブルムはその論文を遺して第一次世界大戦にて若くして戦死してしまいました．

### ゼータの統一へ

ゼータがいろいろあるとどんなうれしいことがあるでしょうか？ それは素数のことがよりよくわかるのです．

たとえば，4で割って1余る素数 $5, 13, 17, 29, 37, 41, \cdots$ は無限個あるでしょうか？ また，4で割って3余る素数 $3, 7,$

$11, 19, 23, 31, 43, \cdots$ はどうでしょう？　どちらもそのとおり無限個あって，しかも「ほぼ同じくらい存在する」というのが答えです．素数の個数を数えたときの $\pi(x)$ と同じように

$\pi_{4,1}(x) = [x\text{ 以下の素数で } 4 \text{ で割って } 1 \text{ 余るものの個数}]$

$\pi_{4,3}(x) = [x\text{ 以下の素数で } 4 \text{ で割って } 3 \text{ 余るものの個数}]$

とすると

$$\pi_{4,1}(x) \sim \frac{1}{2} \frac{x}{\log x}$$
$$\pi_{4,3}(x) \sim \frac{1}{2} \frac{x}{\log x}$$

が成り立ちます．これを見るためには二つのゼータを用います：

$$\zeta_2(s) = \prod_{p:\text{奇素数}} (1-p^{-s})^{-1} = (1-2^{-s})\zeta(s) = \sum_{n:\text{奇数}} n^{-s}$$

と

$$L(s) = \prod_{p:\text{奇素数}} (1-(-1)^{\frac{p-1}{2}} p^{-s})^{-1} = \sum_{n:\text{奇数}} (-1)^{\frac{n-1}{2}} n^{-s}.$$

どちらもオイラーが研究していたものです．ここで

$$\log\left(\frac{1}{1-x}\right) = -\log(1-x) = \sum_{m=1}^{\infty} \frac{x^m}{m}$$

を使う（対数については付録 2 を見てください）と

$$\log \zeta_2(s) = \sum_{p:\text{奇素数}} \sum_{m=1}^{\infty} \frac{1}{m} p^{-ms}$$
$$= \sum_{p:\text{奇素数}} p^{-s} + Q_1(s) \quad \cdots ①$$

$$\log L(s) = \sum_{p:\text{奇素数}} \sum_{m=1}^{\infty} \frac{1}{m}(-1)^{\frac{p-1}{2}m} p^{-ms}$$
$$= \sum_{p:\text{奇素数}} (-1)^{\frac{p-1}{2}} p^{-s} + Q_2(s) \qquad \cdots ②$$

となりますので $\frac{①+②}{2}$ と $\frac{①-②}{2}$ をつくって

$$\sum_{p\equiv 1 \bmod 4} p^{-s} = \frac{1}{2}\left(\sum_{p:\text{奇素数}} p^{-s} + \sum_{p:\text{奇素数}} (-1)^{\frac{p-1}{2}} p^{-s}\right)$$
$$= \frac{1}{2}(\log \zeta_2(s) + \log L(s)) - \frac{1}{2}(Q_1(s) + Q_2(s))$$

$$\sum_{p\equiv 3 \bmod 4} p^{-s} = \frac{1}{2}\left(\sum_{p:\text{奇素数}} p^{-s} - \sum_{p:\text{奇素数}} (-1)^{\frac{p-1}{2}} p^{-s}\right)$$
$$= \frac{1}{2}(\log \zeta_2(s) - \log L(s)) - \frac{1}{2}(Q_1(s) - Q_2(s))$$

が得られます．ここで $s \downarrow 1$（$s$ を 1 より大きい方から 1 に近づけることを略記したもの）とすると

$$\zeta_2(s) \to +\infty = 1 + \frac{1}{3} + \frac{1}{5} + \frac{1}{7} + \cdots$$
$$L(s) \to \frac{\pi}{4} = 1 - \frac{1}{3} + \frac{1}{5} - \frac{1}{7} + \cdots$$
$$\left.\begin{array}{l} Q_1(s) \to Q_1(1) \\ Q_2(s) \to Q_2(1) \end{array}\right\} \text{有限の値}$$

がわかりますので，$\sum_{p\equiv 1 \bmod 4} p^{-1}$ および $\sum_{p\equiv 3 \bmod 4} p^{-1}$ がともに無限大になることがです．とくに，$p \equiv 1 \bmod 4$ となる素数も $p \equiv 3 \bmod 4$ となる素数もどちらも無限個あることになります．（これは 1837 年——オイラー積の発見 100 周年！

――に得られたディリクレの素数定理の一例です.)

なお,素数の逆数の和が無限大というオイラーの結果から

①′ $\displaystyle\sum_{p:\text{奇素数}}\frac{1}{p}=\infty$

がわかりますが,さらにオイラーは1775年に(全集 I-4 巻,p. 147)

②′ $\displaystyle\sum_{p:\text{奇素数}}(-1)^{\frac{p-1}{2}}\frac{1}{p}$
$= -\dfrac{1}{3}+\dfrac{1}{5}-\dfrac{1}{7}-\dfrac{1}{11}+\dfrac{1}{13}+\dfrac{1}{17}-\dfrac{1}{19}$
$\quad -\dfrac{1}{23}+\dfrac{1}{29}-\cdots$
$= -0.3349816\cdots$

と求めています.これで $\dfrac{①′+②′}{2}$ と $\dfrac{①′-②′}{2}$ をつくれば

$\displaystyle\sum_{p\equiv 1 \bmod 4}\frac{1}{p}$ と $\displaystyle\sum_{p\equiv 3 \bmod 4}\frac{1}{p}$ が無限大に発散することはよりかんたんにでます.

これまでの話をもう少し精密にしますと

$$\pi_{4,1}(x)\sim\pi_{4,3}(x)\sim\frac{1}{2}\pi(x)\sim\frac{1}{2}\frac{x}{\log x}$$

もでます.

以上の計算で重要になっていた

$$1-\frac{1}{3}+\frac{1}{5}-\frac{1}{7}+\cdots=\frac{\pi}{4}$$

という式は,

$$\frac{\pi}{4} = \int_0^1 \frac{dx}{1+x^2} = \int_0^1 (1 - x^2 + x^4 - x^6 + \cdots) dx$$
$$= 1 - \frac{1}{3} + \frac{1}{5} - \frac{1}{7} + \cdots$$

と証明できますが，南インド（ラマヌジャンの故郷に近い）のケララ学派の数学者マーダヴァが 1400 年頃に発見した式です．インドの数学情況があまり伝わっていなかったこともあって，普通この式はライプニッツの公式あるいはグレゴリーの公式と呼ばれライプニッツやグレゴリーによって 1670 年代に示されたとされてきました．オイラーが

$$1 + \frac{1}{4} + \frac{1}{9} + \frac{1}{25} + \cdots = \frac{\pi^2}{6}$$

を見つけるときに目標となった式でもあります．

さて，ゼータ統一の例に移りましょう．

$$E: \quad y^2 - y = x^3 - x^2 \quad \text{（楕円曲線）}$$

のゼータ

$$L(s, E) = \prod_{p \neq 11} (1 - a(p)p^{-s} + p^{1-2s})^{-1} \times (1 - a(11)11^{-s})^{-1}$$

は前の「有限の世界 $\mathbf{F}_p$」で見たとおりですが，今度は

$$F = q \prod_{n=1}^{\infty} (1 - q^n)^2 (1 - q^{11n})^2 \quad \text{（保型形式：重さ 2）}$$

を考えましょう．ラマヌジャンの $\tau(n)$ の場合と同じように $F$ の無限積をべき級数に展開して

$$F = \sum_{n=1}^{\infty} b(n) q^n$$

とします．ちょっと計算すると

$$F = q(1-q)^2(1-q^2)^2(1-q^3)^2(1-q^4)^2\cdots$$
$$= q(1-2q+q^2)(1-2q^2+q^4)(1-2q^3+q^6)\cdots$$
$$= q - 2q^2 - q^3 + 2q^4 + q^5 + \cdots$$

から

$$b(1)=1,\ b(2)=-2,\ b(3)=-1,\ b(4)=2,\ b(5)=1,\ \cdots$$

となります．この $F$ に対してゼータを

$$L(s,F) = \prod_{p\neq 11}(1-b(p)p^{-s}+p^{1-2s})^{-1} \times (1-b(11)11^{-s})^{-1}$$
$$= \sum_{n=1}^{\infty} b(n)n^{-s}$$

と決めます．$p=11$ が異なっているのは $F$ のレベルが 11 になっていてそこだけが異様なためです：$b(11)=1$ です．［この $L(s,F)$ はそのままの形でラマヌジャンのノートに残されています．ラマヌジャンは

$$\tau(n) \equiv b(n) \mod 11$$

という合同式を注意しています．］

このとき次の驚くべき定理が成り立ちます：

> アイヒラーの定理（1954年）　　$L(s,E) = L(s,F)$.

つまり，すべての素数 $p$ に対して $a(p)=b(p)$ が成り立つのです！（したがって，とくに $F$ に対するラマヌジャンの予想の類似 $|b(p)|<2\sqrt{p}$ が証明されます．）

このアイヒラーの等式は，左側は $E$ という代数的なもの，右側は $F$ という解析的なものからきていますので

$$\boxed{\text{代数的ゼータ}} = \boxed{\text{解析的ゼータ}}$$

という予想外の等式になっています．なぜ同じゼータなのに見えかたが違うのかという点はゼータを生きものにたとえてみるとわかりやすいでしょう：$L(s, E)$ は植物のたねで $L(s, F)$ はそれから芽をだし成長した木と思ってください．

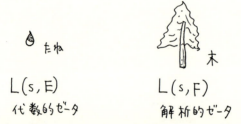

植物としては同じものなのにそうは見えないはずです．（このたとえは解析的ゼータはのびているが，代数的ゼータをのばすのが難しいという実際の問題も説明してくれます．）私たちはゼータ惑星の生きものを見ているのではないでしょうか？そうすると，ゼータ統一は「ゼータはもともと一つのものから進化した」とも言えるでしょう．

応用としてフェルマー予想の証明（ワイルズ，1995年）を見てみましょう．これは，たくさんの楕円曲線 $E$ に対して，$L(s, E) = L(s, F)$ となる保型形式 $F$ があるということを証明

して得られています.

[フェルマー予想の証明方針(背理法)]

$a^p + b^p = c^p$ となる素数 $p \geq 3$ と自然数 $a, b, c$ があったとする

$\overset{フライ}{\Longrightarrow}$ 楕円曲線 $E : y^2 = x(x-a^p)(x+b^p)$ を作る

$\overset{ワイルズ}{\Longrightarrow}$ 保型形式 $F$ があって $L(s, E) = L(s, F)$

$\overset{リベット}{\Longrightarrow}$ そのような $F$ はありえない($L(s, F)$ の $\bmod p$ をみる)

$\Longrightarrow$ 矛盾

$\Longrightarrow$ 解 $a, b, c$ は存在しない.(証明終)

今は二つの型(楕円曲線のゼータはH型,保型形式のゼータはL型)のゼータの統一を考えましたが,ゼータはそのような分け方をすると四つの型(H型,L型,A型,S型)になります.これをすべて統一したいというのが次のページの図にある**ゼータ統一の夢**です.ここで,H(ハッセ),L(ラングランズ),A(アルチン),S(セルバーグ)はそれぞれ研究した数学者の名前の頭文字から来ています.最終的にはS型ゼータで統一できる(すべてのゼータはS型ゼータに一致する)と期待されます.このことはすべてのゼータ $Z(s)$ を対応する作用素(行列) $D$ によって

$$Z(s) = \det(D - s)$$

と行列式表示するということに結びついています.ゼータを生きものとみる見方からすると作用素 $D$ はゼータのDNAにあ

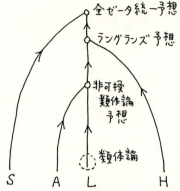

たるものです．

　なお，奇妙なことに，このようなゼータ統一の様子は物理学における四つの力の統一予想によく似ています（次のページの図）．

　しかも，使われる数学まで似てきているように感じます．全力統一の有力な候補である超弦理論で使われる数学は保型形式論やスキーム論など数論的色彩がたいへん強くなっています．これはピタゴラスの言っていたとおり「万物は数である」の実現に向っていることのあかしなのかも知れません．きっと自然界の奥深くに素数全体の空間

$$\{2, 3, 5, 7, 11, 13, \cdots\}$$

がひかえているのでしょう．

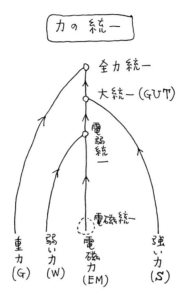

## ゼータの風景

「ゼータは生きている」とよく言われます.

ゼータを研究しているとゼータというものが地球の生きものとそっくりに見えてくるということです. ゼータと地球生物の比較はきりがないのですが一つだけあげておきます.

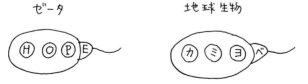

これは生物の基本的な四構成要素である核, ミトコンドリア,

葉緑体，べん毛に対応してゼータではH(双曲)，O(円)，P(放物)，E(楕円)と呼ばれる四構成要素があるという図です．ゼータは希望にあふれているようです．これら四つの構成要素がそろっているのは地球生物でいうとミドリムシのようなもので，ゼータでいうとモジュラー曲面のセルバーグ・ゼータなどです．$\zeta(s)$は葉緑体，多重ガンマはミトコンドリア，通常のガンマはべん毛，などと対応しています．地球生物では動物のように∃の欠けているもの(カミベ)がありますが，それに対応してゼータではⓅの欠けているコンパクト・ゼータ(HOE)というものがあります．同じようにⓄやⒺの欠けているカミヨ(普通の植物)，HOPなどさまざまなものがあります．これらは共生進化論的に見るとうまく理解できます．[ゼータを生きものとして解説したものとしてはカラー入りの，黒川「数から見た数学の展開」『日経サイエンス』1994年6月号 pp.30-39, をおすすめします．] ゼータを研究するにはゼータに親しむことが第一ですが，そのためにはゼータ惑星の生きものと考えるとよいのではないかと思います．[ゼータ惑星の風景については今井志保さんの「ゼータ風物誌」(黒川編著『ゼータ研究所だより』所収)を見てください．]

いつだったか，「ゼータは，緑をいっぱい含んだすごくきれいな色をしています」とある人からうかがって目のさめるような思いがしました．ひとことですくわれるものです．

数学とは遠くを眺めるということだと思います．遠くの風景をみるのは楽しみです．

◀コラム▶

# 数学の未来へ

### 鍵をにぎるセルバーグ・ゼータ

セルバーグ(1917年生れ)はノルウェー出身の数学者です.セルバーグは1934年,17歳のときにラマヌジャンの論文集を読んで感動し数学を本格的にはじめた,と言っています.彼は1952年,ゼータの歴史上で画期的なゼータを発見しました.それまでのゼータは素数空間 $\{2,3,5,7,11,13,\cdots\}$ と何らかのかかわりをもっていたのですが,それらとまったく異なって,"目に見える"曲面(リーマンが研究した空間)のゼータを考えだしたのです.

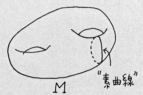

これがセルバーグ・ゼータ($\mathbf{R}$ゼータ)です.$M$ を曲面とし,穴の数が $g \geq 2$ (図は $g=2$:"二つ穴あきのドーナツ"または"二人乗りの浮き袋")とするとき $M$ のゼータ $\zeta(s,M)$ は

$$\zeta(s,M) = \prod_{p \in P(M)} (1-N(p)^{-s})^{-1}$$

です.ここで,

$$P(M) = \{M \text{ 上の "素曲線" 全体}\}$$

であり,各 $p \in P(M)$ に対して

$$N(p) = e^{l(p)}, \quad l(p) = [p \text{ の長さ}]$$

とおいてあります．"素曲線" とは曲面上にピンと張った閉じた曲線（ひもの輪）で，何重まきにはなっていないものを指しています．このように，セルバーグ・ゼータ $\zeta(s, M)$ は $M$ 上の"素曲線" $p$ 全体にかんする積となっています．

このとき $\zeta(s, M)$ は $\zeta(s)$ と同じような性質をもちます．すべての複素数 $s$ について意味をもち，関数等式 $\zeta(s, M) \leftrightarrow \zeta(-s, M)$，くわしくは

$$\zeta(s, M)\zeta(-s, M) = (2\sin \pi s)^{4-4g}$$

をみたします．その結果 "素数定理"

$$\pi_M(x) = [N(p) \leq x \text{ となる } p \in P(M) \text{ の個数}]$$
$$\sim \frac{x}{\log x}$$

も成り立ちます．

さらに注目すべきことには，$\zeta(s, M)$ に対してはリーマン予想の類似が証明できるのです．それは $\zeta(s, M)$ の

本質的零点は　　$-\dfrac{1}{2} \pm i\sqrt{\lambda - \dfrac{1}{4}}$

本質的極は　　$\dfrac{1}{2} \pm i\sqrt{\lambda - \dfrac{1}{4}}$

という形をしていて，$\lambda$ は $M$ のラプラス作用素 $\Delta_M$ といわれる微分作用素（無限次の行列）の固有値になることがわかるおかげです（$\lambda$ はギリシア文字で'ラムダ'とよみます）．このようにセルバーグ・ゼータでは

$$\{\text{"素曲線"}\} \iff \{\text{本質的零点・極}\} \iff \{\text{固有値}\}$$

というリーマンの夢みた対応関係がすべてできています．この関係はセルバーグ跡公式

$$\sum_{p \in P(M)} M(p) = \sum_{\lambda \in \mathrm{Spec}(\Delta_M)} W(\lambda)$$

に明確に書き表されています．ここで，$\mathrm{Spec}(\Delta_M)$ は $\Delta_M$ の固有値全体です．跡公式とは，その右辺が無限次の行列 $W(\Delta_M)$ の跡(固有値 $W(\lambda)$ 全体の和)となっていることからきています．この解析的な量が，左辺に現れている $M(p)$ の和という幾何学的(群という代数的な言葉でも書けます)な量と等しい，という異質なものの間の等式が跡公式です．$M$ と $W$ はフーリエ変換というもので互いに関係しています．セルバーグ跡公式は双対性の一例です．(付録4を見てください．) 71ページの「ラマヌジャンの $\tau(n)$ についてのさまざまな公式」のところにでていた $\tau(n)$ の公式(C)は，このセルバーグの跡公式の特別な場合です．

セルバーグ・ゼータとセルバーグ跡公式はもっと一般の空間に対しても研究されています．私には，このセルバーグの発見は20世紀の最大の発見のように思えます．セルバーグ跡公式の左辺は古典描像(軌道)，右辺は量子描像(スペクトル)となっているのも象徴的です．ドリーニュによるラマヌジャン予想の証明(スキーム論への移行)や，ワイルズによるフェルマー予想の証明(保型表現の基礎体変換)でもセルバーグの跡公式が使われています．$\zeta(s) = \zeta(s, M)$ となる空間 $M$ が見つかれば素数空間 $\{2, 3, 5, 7, 11, \cdots\}$ の研究も深まりリーマン予想の証明まで到達するに違いありません．

絶対数学はゼータ統一を目指して研究されています．そのためのゼータの分類としては

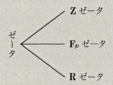

がわかりやすい．$\mathbf{R}$ゼータはセルバーグ・ゼータです．$\mathbf{F}_p$ゼータは有限世界のゼータですが，それは一般の$\mathbf{Z}$ゼータの$p$成分となっています．これらのうち$\mathbf{F}_p$ゼータと$\mathbf{R}$ゼータではゼータ$Z(s)$の行列式表示

$$Z(s) = \det(D-s)$$

が知られていて，$Z(s)$の零点や極の固有値解釈ができてリーマン予想の対応物まで証明されています．

　このような背景から$\mathbf{Z}$ゼータに対しても行列式表示を行いたい，零点や極の固有値解釈をしたいと願うのは自然です．そのためにはどうしたらよいでしょうか？　一つの提案は$\mathbf{Z}$と$\mathbf{F}_p$と$\mathbf{R}$に共通に含まれている"最小の体$\mathbf{F}_1$"を考えてすべてのゼータを$\mathbf{F}_1$ゼータ(圏ゼータ)として統一しようという方針です：

$$\begin{array}{c} \mathbf{Z} \\ \cup \\ \mathbf{F}_1 \subset \mathbf{R} \\ \cap \\ \mathbf{F}_p \end{array}$$

これが絶対数学($\mathbf{F}_1$数学)です．

ただし，$F_1$ はあたかも "$\{1\}$" のようなものであり，通常の意味では存在しない仮想的な体です．（体とは前にもでてきましたが，四則演算のできる数の集まりを指します．)

なお，$F_1$ まではもちださなかったものの 1850 年頃からクロネッカーをはじめとして $Z$ 上のもの(代数体)と $F_p$ 上のもの(関数体)を統一的に扱おうとする考え方が出てきていて 1950 年代になってグロタンディークのスキーム論に結実しました．また，岩沢健吉さんにより同じような方向で岩沢理論が構築され，ワイルズによるフェルマー予想の証明に深い影響を与えました．このような研究を $F_1$ 数学から見直すのはとても興味深いことではないかと思います．

## 付録1　素因数分解の一意性の証明

☆記号：整数 $a, b$ に対して，「$b$ が $a$ で割り切れる」（=「$a$ が $b$ の約数である」=「$b$ が $a$ の倍数である」）ということを $a|b$ と表す．そうでないときは $a \nmid b$ と書く．

① 0 でない整数 $a, b$ に対して

$$(a, b) = \{am + bn \mid m, n \in \mathbf{Z}\} \subset \mathbf{Z} = \{0, \pm 1, \pm 2, \cdots\}$$

とおく．このとき $(a, b)$ に属する最小の自然数を $d$ とすると

$$(a, b) = \{0, \pm d, \pm 2d, \cdots\} = d\mathbf{Z}$$

となる．

（証明）　$d$ は $d = am_0 + bn_0$ と書けていることに注意する．まず $(a, b) \supset d\mathbf{Z}$ は $k \in \mathbf{Z}$ に対して

$$dk = a(m_0 k) + b(n_0 k) \in (a, b)$$

からわかる．次に $(a, b) \subset d\mathbf{Z}$ を見よう．$(a, b)$ の任意の元 $x = am + bn$ に対して，$x$ を $d = am_0 + bn_0$ で割ったときの商を $k$，余りを $l$ とすると，$l = 0, 1, \cdots, d-1$ であり，$x = dk + l$ となっている．すると

$$l = x - dk = a(m - m_0 k) + b(n - n_0 k) \in (a, b)$$

だから，$l \neq 0$ なら $d$ のとり方に矛盾する．したがって $l = 0$ と

なり $x = dk$ は $d\mathbf{Z}$ に属する．（証明終）

② $p$ を素数とする．自然数 $a, b$ に対して $ab$ が $p$ の倍数ならば $a$ または $b$ は $p$ の倍数である．

（証明） 背理法で証明する．$p \mid ab$ なのに $p \nmid a, p \nmid b$ だったとしよう．①のように $(p, a), (p, b)$ を考えると

$$(p, a) = d_1 \mathbf{Z}, \quad (p, b) = d_2 \mathbf{Z}$$

となる自然数 $d_1, d_2$ があることがわかる．このとき $d_1 = d_2 = 1$ である．なぜなら

$$p \in (p, a) = d_1 \mathbf{Z} \text{ より} \quad d_1 \mid p$$
$$a \in (p, a) = d_1 \mathbf{Z} \text{ より} \quad d_1 \mid a$$

となっているから，$d_1 \mid p$ より $d_1 = 1$ または $p$ であるが，$d_1 = p$ とすると $p \mid a$ となってしまうので，$d_1 = 1$ しかない．同様に $d_2 = 1$ である．したがって

$$1 = pm_1 + an_1$$
$$1 = pm_2 + bn_2$$

となる $m_i, n_i \in \mathbf{Z}$ がとれる．両辺をかけると

$$1 = p(pm_1m_2 + bm_1n_2 + am_2n_1) + ab(n_1n_2)$$

となる．ここで，右辺の $ab$ は $p$ の倍数だから $1$ が $p$ の倍数となって矛盾する．したがって $p \mid a$ または $p \mid b$ が成り立つ．（証明終）

③ 自然数 $n$ の素因数分解が

$$p_1 \times \cdots \times p_r = n = q_1 \times \cdots \times q_s$$

となったとすると $r = s$ であり，$p_1, \cdots, p_r$ と $q_1, \cdots, q_s$ は順序を除いて一致する（$q_1, \cdots, q_s$ は $p_1, \cdots, p_r$ の並べかえ）．つまり素因数分解の一意性が成り立つ．

（証明） $p_r \mid (q_1 \times \cdots \times q_s)$ だから②より $p_r$ は $q_1, \cdots, q_s$ のどれかを割り切る．（②は「$a_1 a_2 \cdots a_k$ が $p$ の倍数ならば $a_1, a_2, \cdots, a_k$ のどれかは $p$ の倍数」の形になる．）それを（順番をつけかえて）$q_s$ とすると，$p_r, q_s$ は素数だったから $p_r = q_s$ となる．したがって

$$p_1 \times \cdots \times p_{r-1} = q_1 \times \cdots \times q_{s-1}$$

となる．これをくりかえせば，$r = s$ ということと $p_1, \cdots, p_r$ が $q_1, \cdots, q_s$ の並べかえであることがわかる．（証明終）

## 付録2 指数と対数

$$e = \sum_{n=0}^{\infty} \frac{1}{n!} = 2.718281828459\cdots$$

を自然対数の底と呼ぶ．実数 $x$ (複素数でもよい)に対して指数関数 $e^x$ は

$$e^x = \sum_{n=0}^{\infty} \frac{x^n}{n!} = 1 + x + \frac{x^2}{2} + \frac{x^3}{6} + \frac{x^4}{24} + \cdots$$

と定義され $e^x e^y = e^{x+y}$ が成り立つ：

$$\begin{aligned}
e^x e^y &= \left(\sum_{l=0}^{\infty} \frac{x^l}{l!}\right)\left(\sum_{m=0}^{\infty} \frac{y^m}{m!}\right) \\
&= \sum_{l,m=0}^{\infty} \frac{x^l y^m}{l!\, m!} \\
&= \sum_{n=0}^{\infty} \left(\sum_{l=0}^{n} \frac{x^l y^{n-l}}{l!(n-l)!}\right) \\
&= \sum_{n=0}^{\infty} \frac{1}{n!} \left(\sum_{l=0}^{n} {}_n\mathrm{C}_l x^l y^{n-l}\right) \\
&= \sum_{n=0}^{\infty} \frac{(x+y)^n}{n!} \\
&= e^{x+y}.
\end{aligned}$$

また，正の実数 $x$ に対して対数関数 $\log x$ は

$$\log x = \int_1^x \frac{dt}{t}$$

と定義され $\log(xy) = \log x + \log y$ が成り立つ：

$$\log(xy) = \int_1^{xy} \frac{dt}{t}$$
$$= \int_1^x \frac{dt}{t} + \int_x^{xy} \frac{dt}{t}$$

として，うしろの積分変数を $t = xu$ とおきかえると

$$\log(xy) = \int_1^x \frac{dt}{t} + \int_1^y \frac{du}{u}$$
$$= \log x + \log y.$$

このとき，$\log(e^x) = x$ と $e^{\log x} = x$ もわかる．

さらに，$|x| < 1$ のとき

$$\log(1+x) = \sum_{n=1}^{\infty} \frac{(-1)^{n-1}}{n} x^n$$

となる．なぜなら

$$\log(1+x) = \int_1^{1+x} \frac{dt}{t}$$
$$= \int_0^x \frac{du}{1+u} \qquad (t = 1+u \text{ とおきかえた})$$
$$= \int_0^x (1 - u + u^2 - u^3 + \cdots) du$$
$$= \left[ u - \frac{u^2}{2} + \frac{u^3}{3} - \frac{u^4}{4} + \cdots \right]_0^x$$
$$= x - \frac{x^2}{2} + \frac{x^3}{3} - \frac{x^4}{4} + \cdots.$$

さて，第1章で用いた不等式は

「$0 < x \leq \frac{1}{2}$ のとき $\frac{1}{1-x} < e^{2x} < 10^x$」

に含まれている．この右側は $e^2 < 3^2 = 9 < 10$ からわかる．左側は

$$e^{2x} = 1 + 2x + \cdots > 1 + 2x$$

より

$$e^{2x}(1-x) > (1+2x)(1-x) = 1 + x - 2x^2$$
$$= 1 + x(1-2x) \geq 1$$

となることからわかる.

## 付録 3 $\zeta(3)$ のオイラーの式

$$\zeta(3) = \frac{1}{1^3} + \frac{1}{2^3} + \frac{1}{3^3} + \cdots$$
$$= \frac{2\pi^2}{7}\log 2 + \frac{16}{7}\int_0^{\frac{\pi}{2}} x\log(\sin x)dx$$

(オイラー 1772 年, 全集 I-15 巻, p. 150)

(証明)　$0 < x < \pi$ のとき

$$\begin{aligned}
\log(2\sin x) &= \log(|1-e^{2ix}|) \\
&= \operatorname{Re}\log(1-e^{2ix}) \\
&= \operatorname{Re}\left(-\sum_{n=1}^{\infty}\frac{e^{2inx}}{n}\right) \\
&= -\sum_{n=1}^{\infty}\frac{1}{n}\cos(2nx)
\end{aligned}$$

より

$$\log(\sin x) = -\sum_{n=1}^{\infty}\frac{1}{n}\cos(2nx) - \log 2$$

となる(これは, オイラーの全集 I-15 巻, p. 130 にある). したがって

$$\begin{aligned}
\int_0^{\frac{\pi}{2}} x\log(\sin x)dx &= -\sum_{n=1}^{\infty}\frac{1}{n}\int_0^{\frac{\pi}{2}} x\cos(2nx)dx \\
&\quad -\int_0^{\frac{\pi}{2}}(\log 2)x\,dx \\
&= -\sum_{n=1}^{\infty}\frac{1}{n}\int_0^{\frac{\pi}{2}} x\cos(2nx)dx - \frac{\pi^2}{8}\log 2
\end{aligned}$$

となる. ここで, 部分積分により

$$\int_0^{\frac{\pi}{2}} x\cos(2nx)dx = \left[\frac{x\sin(2nx)}{2n}\right]_0^{\frac{\pi}{2}} - \int_0^{\frac{\pi}{2}} \frac{\sin(2nx)}{2n}dx$$
$$= \frac{1}{(2n)^2}[\cos(2nx)]_0^{\frac{\pi}{2}}$$
$$= \frac{1}{(2n)^2}((-1)^n - 1)$$
$$= \begin{cases} -\dfrac{1}{2n^2} & \cdots n:\text{奇数} \\ 0 & \cdots n:\text{偶数} \end{cases}$$

となることを用いると

$$\int_0^{\frac{\pi}{2}} x\log(\sin x)dx = -\sum_{m=0}^{\infty} \frac{1}{2m+1}\left(-\frac{1}{2(2m+1)^2}\right)$$
$$- \frac{\pi^2}{8}\log 2$$
$$= \frac{1}{2}\sum_{m=0}^{\infty} \frac{1}{(2m+1)^3} - \frac{\pi^2}{8}\log 2$$
$$= \frac{1}{2}\cdot\frac{7}{8}\zeta(3) - \frac{\pi^2}{8}\log 2$$

となって $\zeta(3)$ の式がわかる．（証明終）

この公式は三重サイン関数

$$S_3(x) = e^{\frac{x^2}{2}} \prod_{n=1}^{\infty} \left\{\left(1 - \frac{x^2}{n^2}\right)^{n^2} e^{x^2}\right\}$$

を使うと

$$\zeta(3) = \frac{8}{7}\pi^2 \log\left(2^{\frac{1}{4}} S_3\left(\frac{1}{2}\right)^{-1}\right)$$

となることに注意しておこう．三重サイン関数は通常のサイン

関数の場合に

$$\sin(\pi x) = \pi x \prod_{n=1}^{\infty} \left(1 - \frac{x^2}{n^2}\right)$$

となることの類似物になっている.

なお,二重サイン関数は

$$S_2(x) = e^x \prod_{n=1}^{\infty} \left\{ \left(\frac{1 - \dfrac{x}{n}}{1 + \dfrac{x}{n}}\right)^n e^{2x} \right\}$$

となる.多重三角関数については興味深いことがいろいろと知られてきたが,未知のことが多く解明を待っている.次の紹介を参照のこと:黒川「素数・ゼータ関数・三角関数:三つの問題」『数学のたのしみ』2006 年夏号.

## 付録4　ガンマとゼータと双対性

$$"1 + 2 + 3 + \cdots" = -\frac{1}{12}$$
$$"1 \times 2 \times 3 \times \cdots" = \sqrt{2\pi}$$

をきちんと証明したり，ゼータの関数等式を証明したりするのには，ガンマ関数というものを使う．ガンマ関数 $\Gamma(s)$ は $s > 0$ に対して積分で

$$\Gamma(s) = \int_0^\infty x^{s-1} e^{-x} dx$$

と定義される（$s$ は実部が正の複素数でよい）．これは漸化式

$$(\star) \qquad \Gamma(s+1) = s\Gamma(s), \quad \Gamma(1) = 1$$

をみたし（部分積分してみるとわかる），$s$ が自然数ならば

$$\Gamma(s+1) = s(s-1) \times \cdots \times 1 = s!$$

となっている．もともと，ガンマ関数は階乗 $s!$ の一般化としてオイラーが導入したものであった．$\frac{3}{2}!$ などを $\frac{3}{2} \times \cdots \times 1$ と考えるのは考えにくいけれど積分の形にすると

$$\frac{3}{2}! = \Gamma\left(\frac{3}{2} + 1\right) = \frac{3\sqrt{\pi}}{4}$$

と求まってしまう．しかも (★) を使えば，すべての実数 $s$（すべての複素数でよい）に対して $\Gamma(s)$ が意味付けできる．つまり，$s$ が負の数でも

付録4 ガンマとゼータと双対性

$$\Gamma\left(-\frac{3}{4}\right) = \frac{\Gamma\left(\left(-\frac{3}{4}\right)+1\right)}{\left(-\frac{3}{4}\right)} = -\frac{4}{3}\Gamma\left(\frac{1}{4}\right)$$

などとわかる．なお，第3章にでてきた"レムニスケート周率" $\varpi$ は

$$\varpi = \frac{\Gamma\left(\frac{1}{4}\right)^2}{2^{\frac{3}{2}}\pi^{\frac{1}{2}}}$$

とガンマで書ける．

ガンマはゼータの仲間（コンパニオン）であって，ゼータの対称性はガンマに補ってもらって完全になる．ゼータとの関連ではほとんど実数体のガンマ $\Gamma_{\mathbf{R}}(s)$ と複素数体のガンマ $\Gamma_{\mathbf{C}}(s)$ という

$$\Gamma_{\mathbf{R}}(s) = \pi^{-\frac{s}{2}}\Gamma\left(\frac{s}{2}\right), \quad \Gamma_{\mathbf{C}}(s) = 2(2\pi)^{-s}\Gamma(s)$$

の形で現れる．ガンマを用いるとオイラーの見つけた $\zeta(s)$ の関数等式は

($\star\star$)  $\quad \zeta(1-s) = \Gamma_{\mathbf{C}}(s)\cos\left(\dfrac{\pi s}{2}\right)\zeta(s)$

と表される．ガンマには二倍角の公式

$$\Gamma_{\mathbf{C}}(s) = \Gamma_{\mathbf{R}}(s)\Gamma_{\mathbf{R}}(s+1)$$

と三角関数との関係

$$\frac{1}{\varGamma_{\mathbf{R}}(1+s)\varGamma_{\mathbf{R}}(1-s)} = \cos\left(\frac{\pi s}{2}\right)$$

があり，(★★)は

(★★★) $\qquad \varGamma_{\mathbf{R}}(1-s)\zeta(1-s) = \varGamma_{\mathbf{R}}(s)\zeta(s)$

と完全に左右対称な美しい形に書ける．リーマンはそのことを見透すとともに対称性が一目でわかる表示

$$\varGamma_{\mathbf{R}}(s)\zeta(s) = \int_1^\infty \left(x^{\frac{s}{2}} + x^{\frac{1-s}{2}}\right)\left(\sum_{n=1}^\infty e^{-\pi n^2 x}\right)\frac{dx}{x} - \frac{1}{s(1-s)}$$

を与えた．これはすべての複素数 $s$ に対して意味のある表示である．その結果

$$\zeta(0) = -\frac{1}{2}, \quad \zeta'(0) = -\frac{1}{2}\log(2\pi),$$
$$\zeta(-1) = -\frac{1}{12}, \quad \zeta(-2) = 0, \quad \cdots$$

などもちゃんと求まることになる．

ゼータには多様な側面があり，表示もたくさんある．たとえば，$s > -3$ で使える表し方（$s$ は実部が $-3$ より大きい複素数でよい）として

$$\zeta(s) = \lim_{N\to\infty}\left\{\left(\sum_{n=1}^N n^{-s}\right) - \frac{N^{1-s}}{1-s} - \frac{1}{2}N^{-s} + \frac{1}{12}sN^{-s-1}\right\},$$

$$\zeta'(s) = \lim_{N\to\infty}\left\{-\left(\sum_{n=1}^N n^{-s}\log n\right) + \frac{N^{1-s}\log N}{1-s} - \frac{N^{1-s}}{(1-s)^2}\right.$$
$$\left. + \frac{1}{2}N^{-s}\log N + \frac{1}{12}N^{-s-1} - \frac{1}{12}sN^{-s-1}\log N\right\}$$

がある．これから

付録4 ガンマとゼータと双対性

$$\zeta(0) = \lim_{N\to\infty} \left\{ \left(\sum_{n=1}^{N} 1\right) - N - \frac{1}{2} \right\} = -\frac{1}{2}$$

$$\zeta(-1) = \lim_{N\to\infty} \left\{ \left(\sum_{n=1}^{N} n\right) - \frac{N^2}{2} - \frac{N}{2} - \frac{1}{12} \right\} = -\frac{1}{12}$$

$$\zeta(-2) = \lim_{N\to\infty} \left\{ \left(\sum_{n=1}^{N} n^2\right) - \frac{N^3}{3} - \frac{N^2}{2} - \frac{N}{6} \right\} = 0$$

がわかる．ここで

$$\sum_{n=1}^{N} 1 = 1 + 1 + \cdots + 1 = N$$

$$\sum_{n=1}^{N} n = 1 + 2 + \cdots + N = \frac{N(N+1)}{2} = \frac{N^2}{2} + \frac{N}{2}$$

$$\sum_{n=1}^{N} n^2 = 1^2 + 2^2 + \cdots + N^2 = \frac{N(N+1)(2N+1)}{6}$$
$$= \frac{N^3}{3} + \frac{N^2}{2} + \frac{N}{6}$$

を使っている．したがって，$\zeta(0), \zeta(-1), \zeta(-2)$ などの値は，よく知られている和の公式(第1章参照)からでてしまう！　このようにみると，無限大になるところを差し引いて有限のところを求めている様子がわかりやすい．そのような手法は"繰り込み"と呼ばれる．(量子力学でも無限大の発散を除くために，同じような手法が使われる．)さらに $\zeta'(0)$ は

$$\zeta'(0) = \lim_{N\to\infty} \left\{ -\left(\sum_{n=1}^{N} \log n\right) + N\log N - N + \frac{1}{2}\log N \right\}$$
$$= \lim_{N\to\infty} \log\left( \frac{N^{N+\frac{1}{2}} e^{-N}}{N!} \right)$$

となるが，スターリングの公式

$$\lim_{N\to\infty}\frac{N!}{N^{N+\frac{1}{2}}e^{-N}}=\sqrt{2\pi}$$

を用いると

$$\zeta'(0)=-\frac{1}{2}\log(2\pi)$$

とわかる．ここにも"繰り込み"の様子がよく現れている．

ゼータの対称性を示す関数等式は発見者オイラー（1750年頃）が太陽と月の関係になぞらえたように，性格の異なる（さかさまの）もの——たとえば

$$\zeta(2)=1+\frac{1}{4}+\frac{1}{9}+\frac{1}{16}+\frac{1}{25}+\frac{1}{36}+\frac{1}{49}+\cdots=\frac{\pi^2}{6}$$

および

$$\zeta(-1)=\text{"}1+2+3+4+5+6+7+\cdots\text{"}=-\frac{1}{12}$$

など——が結びついているという双対性を示している．ゼータにはリーマン（1859年）が発見した"零点や極"と"素数"の間の双対性もある．セルバーグの跡公式もそうである．これらはゼータの美しさを示すとともにゼータの多重人格的な深みも体現している．このような「双対性（そうついせい）」を理解するには，オイラーと同時代に八戸を中心に東北地方にて医師・哲学者として活躍していた安藤昌益（1703(2)年〜1762年10月14日）の提出した「互性（ごせい）」の考えがよりふさわしいように思う．安藤昌益が互性の考えを著書『統道真伝』（岩波文庫ではじめて出版された）と『自然真営道』にまとめあげたのは，ふしぎにもオイラーとまったく同じく1750年頃であった．

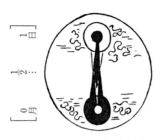

日月にして一神・一真の図解
(安藤昌益『統道真伝』万国巻)

ゼータは何を語りかけているのだろうか?

\* \* \*

おわりに,スターリングの公式の初等的な証明を付けておこう.これは,筆者が高校生のときに発見し数年後に,

黒川信重「Stirling の公式の初等的証明」(『数学セミナー』1972 年 6 月号 p. 72 NOTE)

として報告された方法である.

まず,$f(x) = \log(1+x)$ に対して

(☆)  $\displaystyle \lim_{n\to\infty}\left\{\sum_{k=1}^{n} f\left(\frac{k}{n}\right) - n\int_0^1 f(x)dx\right\} = \frac{f(1)-f(0)}{2}$

となることを示そう.いま,区間 $\left[\dfrac{k-1}{n}, \dfrac{k}{n}\right]$ において,$f'(x)$ の最小値を $m_k$,最大値を $M_k$ とすると

$$m_k\left(\frac{k}{n} - x\right) \leq f\left(\frac{k}{n}\right) - f(x) \leq M_k\left(\frac{k}{n} - x\right)$$

となる.したがって

$$\frac{m_k}{2n^2} \leq \int_{\frac{k-1}{n}}^{\frac{k}{n}} \left( f\left(\frac{k}{n}\right) - f(x) \right) dx \leq \frac{M_k}{2n^2}.$$

よって

$$\frac{1}{2n} \sum_{k=1}^{n} m_k \leq n \sum_{k=1}^{n} \int_{\frac{k-1}{n}}^{\frac{k}{n}} \left( f\left(\frac{k}{n}\right) - f(x) \right) dx \leq \frac{1}{2n} \sum_{k=1}^{n} M_k$$

ここで，中央の項は

$$\sum_{k=1}^{n} f\left(\frac{k}{n}\right) - n \int_0^1 f(x) dx$$

に他ならない．また，両端の項は $n \to \infty$ のとき

$$\frac{1}{2} \int_0^1 f'(x) dx = \frac{f(1) - f(0)}{2}$$

に収束する．よって(☆)が証明された．[ここでの $f(x)$ としては，$[0,1]$ 区間で $f'(x)$ が存在して連続であれば同じ証明が使える．]

さて，$f(x) = \log(1+x)$ のとき

$$\sum_{k=1}^{n} f\left(\frac{k}{n}\right) = \log\left(\frac{(2n)!}{n! n^n}\right),$$

$$\int_0^1 f(x) dx = \left[ (1+x)\log(1+x) - x \right]_0^1 = \log\left(\frac{4}{e}\right)$$

となる．したがって，(☆)は

$$\lim_{n \to \infty} \log\left( \frac{(2n)!}{n! n^n} \left(\frac{e}{4}\right)^n \right) = \frac{\log 2}{2}$$

を意味する．よって

(☆☆) $$\lim_{n \to \infty} \frac{(2n)!}{4^n n!} \left(\frac{e}{n}\right)^n = \sqrt{2}$$

となる．ここで，積分 $\int_0^{\frac{\pi}{2}} \sin^n x dx$ の計算から得られて良く知られているワリスの公式

$$\lim_{n\to\infty} \frac{1}{\sqrt{n}} \cdot \frac{2\cdot 4 \cdot \cdots \cdot (2n)}{1\cdot 3 \cdot \cdots \cdot (2n-1)} = \sqrt{\pi}$$

つまり

(☆☆☆) $\quad \displaystyle\lim_{n\to\infty} \frac{4^n (n!)^2}{\sqrt{n}(2n)!} = \sqrt{\pi}$

を思い出す．すると，(☆☆)と(☆☆☆)から

$$\begin{aligned}\lim_{n\to\infty} \frac{n!}{n^{n+\frac{1}{2}} e^{-n}} &= \lim_{n\to\infty} \frac{(2n)!}{4^n n!} \left(\frac{e}{n}\right)^n \cdot \frac{4^n (n!)^2}{\sqrt{n}(2n)!} \\ &= \sqrt{2} \cdot \sqrt{\pi} \\ &= \sqrt{2\pi}\end{aligned}$$

となってスターリングの公式が証明された．

## あとがき

　オイラー，リーマン，ラマヌジャンをめぐるゼータ旅はいかがだったでしょうか？　ここまで読んで来られた読者には，3人の数学者が運命に導かれるように，ゼータという数学の主題に挑戦していったことが見てとれたことと思います．

　それももともとは，今から2500年も昔のクロトンに居たピタゴラスの「素数解明の夢」から来ていました．その「素数解明の夢」が二千年の時を経てオイラー，リーマン，ラマヌジャンの「ゼータ統一の夢」に到り，現在ではさらに「絶対数学の夢」へと向かっています．

　ゼータはそのように古い歴史を持っていますが，今でも元気に生きています．その証拠に，今年(2006年)になって，ラマヌジャンのゼータ研究を発展させた出来事が起こりました．それはラマヌジャン予想を深化した佐藤予想の楕円曲線版(佐藤-テイト予想とも呼ばれる)がハーバード大学教授のリチャード・テイラーさんによって証明されたのです(4月1日)．これは，100年に一度の大発展と言えます．幸い，本書では，その証明がオイラー，リーマン，ラマヌジャンのゼータ・バトンを引き継いで完成されたことに触れることができました．

　この本は1998年に出版された『数学の夢：素数からのひろがり』を改訂したものです．旧著は1997年の夏休みの岩波高校生セミナーにもとづいています．その際とこの改訂にお世話になった編集部の吉田宇一さんと濱門麻美子さんに感謝いたし

ます.

　旧著のまえがき(「講義にあたって」)に
　　普通の科学には目に見える題材とそれについての実験というものがあります. たとえば, 雪の科学を研究された中谷宇吉郎さんには「雪は天からの手紙」という有名な言葉があります. これに対して, 数学には, そのような"手紙"がありません. 素数は手に取って見ることはできません. 数学のやることは, むしろ, 天へ手紙を出しつづけるという孤独な仕事です. 返事は期待できません. しかし, その内容が真実を衝いていれば, もしかしたら何らかの風の便りが届くかも知れない, と信じてやってみる. そのようなものです. それだからこそ, 数千年の歴史に耐えているのだと思います.

と書きましたが, これは, この八年間にますます強く感じるようになった私の実感です.
　読者の皆さんが, 未到の数学難問や未開拓の数学分野に挑戦されていくことを期待しています.

　2006 年 11 月 29 日

著者記す

## 参考文献

**a. ギリシア数学関係**
- [a.1] アリストテレス『形而上学』(上・下)岩波文庫
- [a.2] ディオゲネス・ラエルティオス『ギリシア哲学者列伝』(上・中・下)岩波文庫(ピタゴラスは下巻)
- [a.3] ユークリッド『原論』共立出版
- [a.4] 上垣渉『ギリシア数学のあけぼの』日本評論社
- [a.5] S.K.ヘニンガー Jr.『天球の音楽』平凡社

**b. ケプラー関係**
- [b.1] ケプラー『ケプラーの夢』講談社学術文庫
- [b.2] ケプラー『宇宙の神秘』工作舎
- [b.3] アーサー・ケストラー『ヨハネス・ケプラー』河出書房新社

**c. オイラー・ガウス・リーマン・ライプニッツ関係**
- [c.1] 高木貞治『近世数学史談』岩波文庫/共立出版
- [c.2] ベル『数学をつくった人びと』東京図書
- [c.3] 近藤洋逸『幾何学思想史』日本評論社
- [c.4] ラウグヴィッツ『リーマン・人と業績』シュプリンガー・フェアラーク東京
- [c.5] ライプニッツ『単子論』岩波文庫

**d. ラマヌジャン関係**
- [d.1] ロバート・カニーゲル『無限の天才:夭逝の数学者・ラマヌジャン』工作舎

**e. 数論・ゼータ関係**
- [e.1] 高木貞治『初等整数論講義』共立出版
- [e.2] 加藤和也・黒川信重・斎藤毅『数論 I』岩波書店
- [e.3] 黒川信重・栗原将人・斎藤毅『数論 II』岩波書店

[e.4]　梅田亨・若山正人・黒川信重・中島さち子「ゼータの世界」『数学のたのしみ』創刊号(1997年5月)；(単行本)『ゼータの世界』日本評論社

[e.5]　黒川信重「ラングランズ予想とは？——ゼータ統一の夢——」『数学のたのしみ』第3号(1997年9月)，日本評論社

[e.6]　黒川信重「ゼータは生きている——類体論から霊体論へ——」『あぶない数学』(朝日ワンテーママガジン44)朝日新聞社，1995年1月，160-172頁.

[e.7]　『数学セミナー 2096年1月号』：『数学セミナー』1996年1月号とじこみ付録，日本評論社

[e.8]　黒山人重「数学研究法」『数学セミナー』連載(1997年10月号〜98年9月号)；(単行本)『数学研究法』日本評論社

[e.9]　黒川信重「オイラーの美しい数式」『数学セミナー』2006年2月号.

[e.10]　黒川信重「[速報]佐藤・テイト予想が解決された」『数学セミナー』2006年7月号，13頁.

[e.11]　黒川信重「ゼータから見た空間」『現代思想』2006年7月号，116-121頁.

[e.12]　黒川信重「素数・ゼータ関数・三角関数：三つの問題」『数学のたのしみ』2006年夏号，8-28頁.

[e.13]　黒川信重・若山正人『絶対カシミール元』岩波書店

[e.14]　黒川信重 編著『ゼータ研究所だより』日本評論社

■岩波オンデマンドブックス■

岩波科学ライブラリー 126
オイラー，リーマン，ラマヌジャン
――時空を超えた数学者の接点

2006年12月8日　第1刷発行
2011年1月14日　第6刷発行
2016年10月12日　オンデマンド版発行

著　者　黒川信重（くろかわのぶしげ）

発行者　岡本　厚

発行所　株式会社　岩波書店
　　　　〒101-8002　東京都千代田区一ツ橋 2-5-5
　　　　電話案内　03-5210-4000
　　　　http://www.iwanami.co.jp/

印刷／製本・法令印刷

© Nobushige Kurokawa 2016
ISBN 978-4-00-730516-0　　Printed in Japan